—— 八闽茶韵 ——

永春佛手

福建省人民政府新闻办公室　编

编　著：董明花　周文瀚

海峡出版发行集团 THE STRAITS PUBLISHING & DISTRIBUTING GROUP | 福建科学技术出版社 FUJIAN SCIENCE & TECHNOLOGY PUBLISHING HOUSE

图书在版编目（CIP）数据

永春佛手 / 福建省人民政府新闻办公室编；董明花，周文瀚编著. —福州：福建科学技术出版社，2019.10
（“八闽茶韵”丛书）
ISBN 978-7-5335-5779-9

Ⅰ. ①永… Ⅱ. ①福…②董… ③周… Ⅲ. ①茶文化－永春县 Ⅳ. ①TS971.21

中国版本图书馆CIP数据核字（2018）第298758号

书　　名　永春佛手
　　　　　“八闽茶韵”丛书
编　　者　福建省人民政府新闻办公室
编　　著　董明花　周文瀚
出版发行　福建科学技术出版社
社　　址　福州市东水路76号（邮编350001）
网　　址　www.fjstp.com
经　　销　福建新华发行（集团）有限责任公司
印　　刷　福建彩色印刷有限公司
开　　本　700毫米×1000毫米　1/16
印　　张　9
图　　文　144码
版　　次　2019年10月第1版
印　　次　2019年10月第1次印刷
书　　号　ISBN 978-7-5335-5779-9
定　　价　48.00元

序　言

梁建勇

“八闽茶韵”丛书即将出版发行。以茶文化为媒，传承优秀传统文化，促进对外交流，很有意义。

福建是中国茶叶的重要发祥地和主产区之一。好山好水出好茶，八闽山水钟灵毓秀，孕育了独树一帜福建佳茗。早在1600年前，福建就有了产茶的文字记载。北宋时，福建的北苑贡茶名冠天下，斗茶之风风靡全国，催生了蔡襄的《茶录》等多部茶学名作，王安石、苏辙、陆游、李清照、朱熹等诗词名家在品鉴闽茶之后，留下了诸多不朽名篇。元朝时，武夷山九曲溪畔的皇家御茶园盛极一时，遗址至今犹在。明清时，福建人民首创乌龙茶、红茶、白茶、茉莉花茶，丰富了茶叶品类。千百年来，福建的茶人、茶叶、茶艺、茶风、茶具、茶俗，积淀了深厚的茶文化底蕴，在中国乃至世界茶叶发展史上都具有重要的历史地位和文化价值。

茶叶是文化的重要载体，也是联结中外、沟通世界的桥梁。自宋元以来，福建茶叶就从这里出发，沿着古代丝绸之路、“万里茶道”等，远销亚欧，走向世界，成为与丝绸、瓷器齐名的“中国符号”，成为传播中国文化、促进中外交流的重要使者。

当前，福建正在更高起点上推动新时代改革开放再出发，“八闽茶韵”丛书的出版正当其时。丛书共12册，涵盖了福建茶叶的主要品类，引用了丰富的历史资料，展示了闽茶的制作技艺、品鉴要领、典故传说和历史文化，记载了闽茶走向世界、沟通中外的千年佳话。希望这套丛书的出版，能让海内外更多朋友感受到闽茶文化韵传千载的独特魅力，也期待能有更多展示福建优秀传统文化的精品佳作问世，更好地讲述中国故事、福建故事，助推海上丝绸之路核心区和“一带一路”建设。

2019年2月

目　录

一

永春茶话连海丝

（一）海丝源头话永春

永春县地处福建省东南部，位于闽北山区与闽南沿海山海交接处，是一个“七山一水一分田，一分道路和庄园”的山区县。鲜为人知的是，由于自然地理及区位的缘故，永春县是历史上海上丝绸之路的源头之一。古时候陆路交通不发达，海上丝绸之路是中国与外国交通贸易和文化交流的重要通道。泉州是众所周知的海上丝绸

旧时船泊桃溪岸

桃溪渔歌唱晚

之路起点，晋江是泉州入海的主要河流之一，而永春县是晋江河流的源头，从五代后周期间至民国时期，永春主城区桃溪有众多码头，大量从事船运业务的舟船穿梭于晋江水系。永春五里街镇西安村许港码头是当年海上丝绸之路内地首站码头之一，舟船沿桃溪向下游可直通泉州后渚港。几百年来，永安、

位于呈祥雪山山峰处的晋江源头

永春通往泉州的公路

建于桃溪两岸的永春县城

三明、南平、大田、德化等山区所产的货物，沿着崎岖的山路，集中到这里；沿海的鱼、虾、糖、盐等则由这里转售内陆山区。特别是瓷器、茶叶等众多货物，从这里出发，沿着桃溪，顺着晋江，运达泉州海港，销往东南亚和欧洲、非洲各地。永春人顺着这条水路，到沿海及东南亚等海外经商，极大地促进了永春社会经济的发展。清朝中期在坊间就出现了“无永不开市”的说法。

永春地处南亚热带与中亚热带过渡气候区，气候温和，湿润多雨，非常适宜茶树栽培，加上其自然区位的优势，商贸发达，成为古老茶区也便顺理成章了。

（二）历史悠久老茶区

中国是茶的故乡，茶文化的摇篮。以茶为饮料的习惯始于中国。中国产茶和茶文化的历史最悠久，茶产地最多、品种最繁、产量最大、栽培技术和加工工艺最精，世所公认。在与西方接触的早期历史中，茶、丝绸和瓷器等都曾是最受西方青睐的中国商品，茶叶更长期占据中国出口商品的首位，中国茶文化亦因此被视作东方精神文化的象征和东西方文化交流的媒介。

福建是中国茶叶主产区之一，宋元时期就已成为中国享有盛誉的茶乡。到明清时期，福建茶叶产区已几乎遍布全省各地，故有“闽

南安丰州九日山上“莲花茶襟”石刻（376 年立）（周文瀚摄）

诸郡皆产茶”之说。而福建产茶最早的记载，据 1999 年出版的《福建省志·农业志》记述，见于南安县丰州镇九日山莲花峰上“太元丙子年”(376) 立的“莲花茶襟”石刻。永春县与南安丰州相隔仅数十公里，自然条件优越，具有茶叶生产的优越条件，产茶历史亦十分久远，在永春史志及诗文、族谱中多有记载。明嘉靖五年（1526）《永春县志》是永春现存最早的县志，

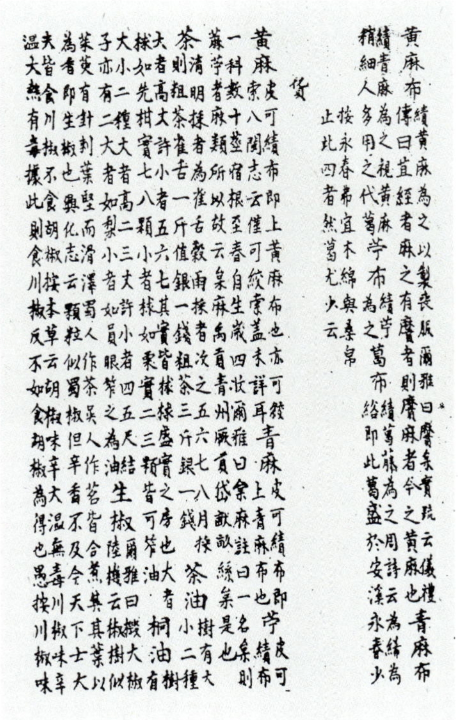

明嘉靖《永春县志》有关茶叶的记载

该志对当时茶叶产销记载极为详细：“清明采者为雀舌，谷雨采者次之，五六七八月采则粗茶；雀舌一斤值银一钱，粗茶三斤银一钱。”明代大学士李九我（1541—1616），曾游永春雪山岩并赋诗：

竹楼晴日好，携友一登山。
人影茶旗外，樵歌薛径间。
澄潭沉碧藻，古柏郁禅关。
回首三千界，白云心与闲。

雪山岩始建于唐代启光年间，明李九我曾游雪山岩并赋诗于此（现建筑系1990年重建）

清康熙四十三年（1704）达埔镇狮峰村的《官林李氏七修族谱》卷一有“狮峰岩初建成，僧种茗芽以供佛，嗣而族人效之，群踵而植，弥谷被岗，一望皆是”的记载。

民国十一年（1922）永春一都仙友村《黄氏族谱》（重修）记载：清顺治初年（顺治元年为1644年），晋江的进士王命岳到永春一都避乱隐居三年，曾有感而作《采茶歌》：

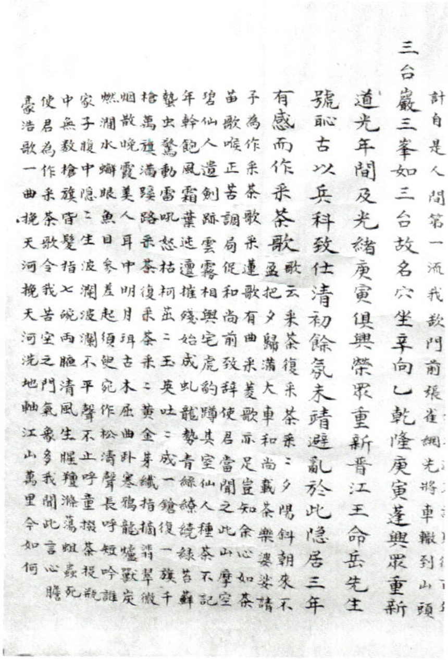

計自是人間第一流我欲門前張雀網先將車轍到山頭
三台巖三峯如三台故名穴坐辛向乚乾隆庚寅蓬興眾重新
道光年間及光緒庚寅俱興榮眾重新晉江王命岳先生
號耻古以兵科致仕清初餘氛未靖避亂於此隱居三年
有感而作采茶歌
歌云采茶復采茶采〻夕陽斜朝來不
盈把夕歸滿大車和尚載茶樂婆娑請
子為作采茶歌采蓮歌有曲采菱歌亦足豈知余心如茶
苗歌喉正苦調局促和尚前致辭使君當聞之此山摩空
碧仙人遺劍跡雲霧相與宅虎豹蹲其室仙人種茶不記
年幹飽風霜葉迷邅摧殘始成虬龍勢青綠繚繞綠苔蘚
蟄虫鷙動雷吼怒枯柯茁〻玉英吐〻成一鎗復一旗千
棺萬旗滿躁路采茶復采茶采〻黄金芽纖指摘消翠徹
烟散晚霞美人耳中明月玥古木屈曲卧寒鴉龍爐歎庋
燃潤水蠏眼魚目參差起須兜宛作松濤聲長呼短吟誰
家子腹中隱〻生波瀾波瀾不平聲不止呼童擬茶投敝
中無數檜旗宵鬓指乜碗兩腕清風生腥穜滌蕩蚼蟲死
使君為作采茶歌今我苦空之門氣象多我聞此言心膾
豪浩歌一曲挽天河挽天河洗地軸江山萬里今如何

永春一都仙友村《黄氏族谱》记载的清顺治年间王命岳创作的《采茶歌》（林联勇提供）

采茶复采茶，采采夕阳斜。
朝来不盈把，夕归满大车。
和尚载茶乐娑娑，请予为作采茶歌。
采莲歌有曲，采菱歌亦足。
岂知余心如荼苗，歌喉正苦调局促。
和尚前致辞，使君当闻之。
此山摩空碧，仙人遗剑迹。
云雾相与宅，虎豹蹲其室。
仙人种茶不记年，干饱风霜叶迍邅。
摧残始成虬龙势，青丝缭绕绿苔藓。
蛰虫惊动雷吼怒，枯柯茁茁玉英吐。
吐成一枪复一旗，千枪万旗满蹊路。
采茶复采茶，采采黄金芽。
纤指摘翡翠，微烟散晚霞。
美人耳中明月珥，古木屈曲卧寒鸦。
龙炉兽炭燃涧水，蟹眼鱼目参差起。
须臾宛作松涛声，长呼短吟谁家子。
腹中隐隐生波澜，波澜不平声不止。
呼童掇茶投瓶中，无数枪旗皆发指。
七碗两腋清风生，腥膻涤荡蛆虫死。
使君为作采茶歌，令我苦空之门气象多。
我闻此言心胆豪，浩歌一曲挽天河。
挽天河，洗地轴，江山万里今如何？

悠久的茶史，大量茶文化史迹，说明永春县亦是福建最古老的茶区之一。

（三）自然人文环境美

永春县地处福建省东南部、晋江东溪上游，东邻仙游县，南接南安市、安溪县，西连漳平市，北与德化、大田交界。永春气候温和，

雪山风光秀美

晋江东溪之源、永春群山之巅雪山风光

湿润多雨，林木昌盛，素有“万紫千红花不谢，冬暖夏凉四序春”之美誉，因“众水汇于桃源一溪”，故名为“桃源”；又因“四时多燠”，故又名“永春”。全县面积1456平方千米，辖18个镇，4个乡，236个村（社区），户籍人口58.68万人，华侨华裔、港澳台胞120多万人，是著名的侨乡。

永春地处闽南与闽北山海交接之地，具有良好的区位优势，历史上永春五里街许港码头水路船运可通泉州出海港口，是海上丝绸之路源头之一。现代的永春更是交通发达，

雪山醉风岩秀丽风光

运输便利。永春山地资源丰富，劳力多，发展茶叶生产优势明显，且为闽南金三角经济开放县，享受沿海地区开放优惠政策。永春县是著名侨乡，旅居海外的华侨、华裔及港澳台同胞120多万人，遍布世界50多个国家和地区。改革开放以来，永春充分发挥山区、侨乡、开放县的优势，开拓进取，社会面貌发生深刻变化，综合实力不断增强。永春人善于商贾，侨民遍布东南亚各地，素有“无永不开市”之说，商贸发达，发展茶叶生产区位人文条件极为优越。

（四）勤劳创业发展史

早期发展历史

明嘉靖五年（1526）《永春县志》是永春现存最早有茶叶生产文字记载的县志，其后明、清时期的志书、诗文和族谱等多有茶叶的相关资料，说明永春茶叶生产具有良好的基础。进入民国时期，许多旅居海外的永春华侨不忘家乡建设，回乡开垦荒山，种植茶叶等作物，为永春茶叶的发展做出贡献。

清道光二十四年（1844）用于贮存永春狮峰春茶的陶罐（王新柏摄）

1928 年华兴公司在虎巷茶山欢迎参观团留影

1917 年，旅居马来西亚的华侨李辉芳、李载起、郑文炳等集资创办永春华兴种植实业有限公司，在太平虎巷开垦荒山，于 1918 年种植佛手、水仙茶苗 7 万多株。所制佛手、水仙茶叶色香味俱佳，名扬闽南各地，且由厦门经销至港澳和新马各埠，颇负盛名，产量最高时达 11.5 吨，至中华人民共和国成立前共种植茶叶 192 亩（1 亩 =1/15 公顷）。中华人民共和国成立后，股东增资扩营，开发龙坑山地，1950 年种植茶叶 283 亩。

1917 年，卿园村旅居菲律宾吕宋的黄祖林、黄振明等集资回乡，创办发兴茶叶公司，设云苑茶庄，在醒狮山金狮寺开发荒山，种植茶叶。

1918 年，冷水村旅马华侨李辉秀、李辉润、苏日协和丰山村陈元炳，集资 2 万多银元，创办民生种植公司，在水梅垅格、戽桶堀

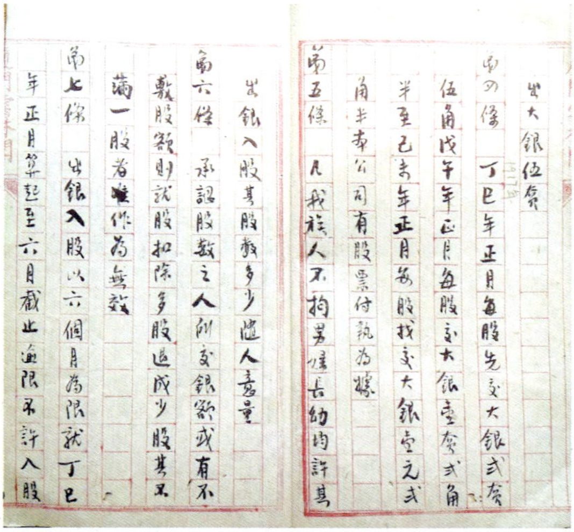

出大銀伍角
第四條 丁巳年正月每股先交大銀貳角
伍角戊午年正月每股交大銀壹角貳角
半至己未年正月每股找交大銀壹元貳
角半本公司有股票付執為據
第五條 凡我族人不拘男女長幼均許其
出銀入股其股數多少隨人意量
第六條 承認股數之人則交銀額或有不
敷股額則就股扣除多股退成少股其不
滿一股者作為無效
第七條 出銀入股以六個月為限就丁巳
年正月算起至六月截止逾限不許入股

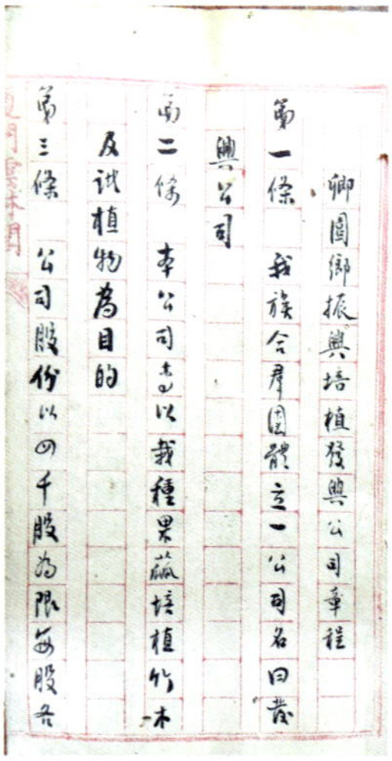

卿園鄉振興培植發興公司章程
第一條 我族合本團體之一公司名曰發
興公司
第二條 本公司專以栽種果蔬培植竹木
及試植物為目的
第三條 公司股份以四千股為限每股合

卿园发兴公司章程（林文兰提供）

种植茶叶等作物。

1925年，东山村旅马华侨颜声诗、颜声金，集资在家乡发展种植业，在双尖尾庵后垦荒种植茶叶等作物。

1931年，达埔狮峰村旅居印尼的宗亲李原尊和在乡的李原滩等集资创办官林垦殖公司，由归侨李华鼎任董事长经营至合作化，在狮峰岩垦复茶山，种植茶苗5万多株。所产“狮峰佛手”用特制铁盒包装，销往各地，并通过厦门转销港澳及东南亚各地。

1931年前后，桃城东门郑氏侨亲，集资到石齿山兴办农场，种植生产“石齿莲子芯”名茶。

1938年，太平、外碧二乡海内外族亲，集资10多万元，创办

民国时期官林垦殖公司的“狮峰名茶”产品包装铁盒（周文瀚摄）

太平种植公司，由李汉青负责，在外碧、龙坑垦荒种茶。

在华侨回乡开垦种植茶叶的同时，许多民众也纷纷发展茶叶生产。据 1990 年出版的《永春县志》记载：1920 年以后，有一些农民在岱山、龙旗山、伏狮山、虎巷、鼎仙岩、福鼎山、玳瑁山、雪山、乐山、白珩山、皇古山、天湖岩等地垦荒种茶。1934 年全县种植茶叶 1100 亩，产量 25 吨。1936 年前后，又有高山奄、龙旗寨、石峰岩、金峰寨、蔡垄、乌石虎、牛心垵、茶山、张山、格头、姜埕、高阳、苏坑、锦斗等地垦辟茶园，当年全县茶叶总产量 157.5 吨。受抗日战争影响，茶叶销路受阻，1941 年全县茶叶产量仅 35 吨。1952 年全县种植茶叶 945 亩，产量 13.2 吨。

中华人民共和国成立后发展历史

中华人民共和国成立后，永春县茶叶生产逐渐得到恢复发展。1958 年全县茶园面积 5387 亩，产量 60 吨；1965 年全县茶园面积 9408 亩，产量 63.7 吨；1977 年全县茶园面积 22843 亩，产量 506.8 吨。改革开放后，茶叶生产快速发展。1987 年全县茶园面积 61517 亩，产量 1750 吨；2007 年全县茶园面积 11.28 万亩，产量 6817 吨；2017 年全县茶园面积 13.85 万亩，产量 15830 吨，平均亩产 117.14 千克。

现今永春茶树主要栽培品种有佛手、水仙、铁观音，约占全县

永春县坑仔口镇诗元村村落、茶园

永春县锦斗镇锦溪村村落、茶园

永春县湖洋镇金斗洋生态茶园风光（周文瀚摄）

茶叶总面积的98%。20世纪七八十年代永春县茶叶除三大品种外，还有毛蟹、梅占、本山、黄旦、肉桂、奇兰、大红等；2000年后引进了丹桂、金观音、黄观音、金萱、紫玫瑰、紫牡丹等新品种，但都只有少量种植。2017年全县佛手种植面积4.8万亩，铁观音7.6万亩，水仙1.2万亩。

二

茶叶王国一奇葩

（一）佛手茶历史溯源

佛手茶起源的传说

永春与诸多老茶区一样，流传着许多美丽的茶故事。关于佛手茶的起源，历来流传着两个传说。

狮峰说：传说三百多年前，在永春达埔狮峰岩寺有一位老僧人，每日虔诚地栽种佛手柑敬奉神佛，念经之余，他天天品茶。一日，他突发奇想：佛手柑是一种清香诱人的名贵佳果，要是茶叶冲泡出来有“佛手柑”的香味该多好。于是，老僧人试着把茶树的枝条嫁

佛手柑

接在佛手柑树上，经过数载精心栽培，终于获得成功。因为茶树叶片壮、大似佛手柑，茶香中又带有佛手柑散发的天然果香，因而取名“佛手”。

狮峰岩位于永春县达埔镇北麓，与永春“百丈岩”根脉相连，隔坳相望，因岩后有块大石状如狮子张口长啸而名。清朝贡士李射策在《狮峰记》(1704) 中描述道：

> 狮峰，予家山也。宠高峙，一望无际。诸山累累，若儿孙罗列，中拓一阿旷，如清泉滃然仰出，流而积坳为池，溢者可溉百亩。峰头怪石偃仰，端侧星罗棋布，间有魁杰而特峭者，状如狮子张口之吼霄汉，以是得名。

他还为狮峰八景题名：松径阴浓、竹涧幽洁、池荷扑鼻、清泉煮茗、狮子吐云、石榻留月、朝烟万顷、夜火千家。

永春达埔狮峰岩（姚德纯摄）

狮峰岩所产佛手茶鲜叶色泽黄绿油亮，叶面凹凸不平，叶肉肥厚丰润，质地柔软绵韧，嫩芽紫红亮丽，干茶条索紧结、粗壮肥重，色泽砂绿油润，香气馥郁幽长，似佛手柑果香，汤色金黄透亮，滋味醇厚、甘美，喉韵甚佳。至今狮峰岩左侧山坡上尚有百年佛手老茶树 89 株，是现存树龄最老的佛手茶树，它们为这一佛手茶传说增添传奇色彩。

凤山公说：凤山公，名一瑶，字以熔，生于明朝嘉靖辛酉年，卒于崇祯丙子年。生前居住在望仙山麓、永春县玉斗镇凤溪村中。他一生精研百草，治病救人。有一次，他到望仙山中采集青草药，在小溪边发现一棵树形婆娑、叶大如掌、似茶非茶的植物；采下叶子一闻，芬香沁人心脾，在嘴里一嚼，顿感清香爽口，韵味悠长，精神陡长。凤山公觉得这是一味良药，就把它采集回家。乡人凡有病痛，用过这味药后，百病立除，非常神验，人们称之为瑞草。凤山公把这味药的枝条剪下，栽到百草园中，居然成活，成为治病救人的药材。有一次县令的母亲腹泻不止，不知请过多少医生用过多少药，就是不见效。眼见老夫人病情一天比一天沉重，身如槁木，骨瘦如柴，生还无望，县令非常着急，就出重赏榜文，寻求神医良药。有人告诉县令，玉斗以熔先生医术精湛，近得一味良药，善治百病。县令听说，喜出望外，马上派人用轿子把凤山公请来。凤山公把脉诊断后说：老夫人是饮食不慎，导致胃肠损伤，加上年老气虚才会病入膏肓。如不用良药医治，恐怕性命难保。县令马上请其行医用药，凤山公就以新发现的这味药为主药配方给老夫人治病。老夫人用药后，腹泻立止。县令非常高兴，问凤山公用何神药，能令老夫人药到病除。凤山公答曰瑞草。县令拿药仔细端详，观其叶大如掌，芳香扑鼻，宛如佛祖之手，妙手回春善治百病。因此，他把这味药称为“佛手”。县令要赏银千两给凤山公，凤山公坚辞不受。从那以后，凤山公不但自己种植佛手，还教导乡人大量种植佛手，并把这佛手药制成干品，当茶饮用。饮用这种汤药不但能解除病痛，预防肠胃疾病，而且能清凉解暑，延年益寿。慢慢地，人们也将这种药改称为“佛手茶”。

佛手茶起源的考证

一般认为佛手茶是因为其叶片宽大肥厚、状似佛手柑，成茶冲泡后散发着如佛手柑果实的天然香气而得名。茶叶属山茶目山茶科山茶属植物，佛手柑属无患子目芸香科柑橘属植物，茶树和柑橘为不同目、科、属的植物，因此佛手茶来源于茶枝嫁接于佛手柑所得之传说缺乏科学依据。从现有的佛手茶分布状况及流传历史分析，

佛手茶叶大如掌、叶面强隆起（司文瀚摄）

其发源于闽南永春、安溪一带可能性较大。现有最早的佛手茶文字记载源于永春达埔狮峰岩，清康熙四十三年（1704）达埔狮峰村的《官林李氏七修族谱》载：“狮峰岩初建成，僧种茗芽以供佛，嗣而族人效之，群踵而植，弥谷被冈，一望皆是。”《官林李氏七修族谱》还载有贡士李射策的《狮峰茶诗》：

狮峰岩百年佛手老茶树（周文瀚摄）

活水还须活火煎，清泉安得佛山巅。
品茗未敢云居一，雀舌尝来忽羡仙。

1704年撰修《官林李氏七修族谱》时，狮峰岩茶叶种植已“弥

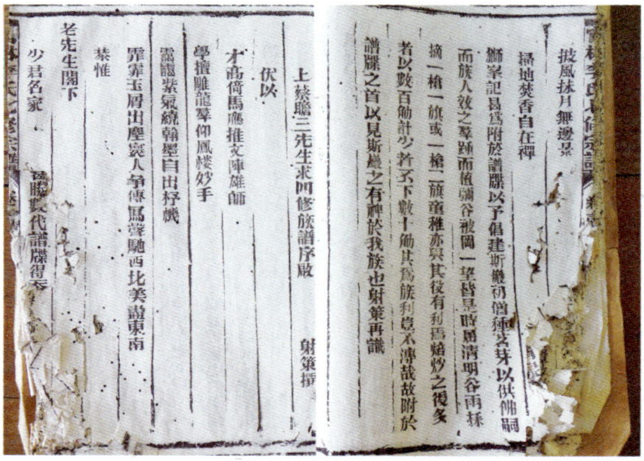

披風抹月無邊景
掃地焚香自在禪
獅峯記曷爲附於譜牒以予倡建斯巖初僧種茗芽以供佛嗣
而族人效之群踵而植彌谷被岡一望皆是時屆清明谷雨採
摘一槍一旗或一槍二旗童稚亦與其役有利焉焙炒之後多
者以數百觔計少者不下數十觔其爲族利豈不溥哉故附於
譜牒之首以見斯巖之有裨於我族也射策再識

上蔡瞻三先生求四修族譜序啟　射策撰
伏以
才高倚馬應推文陣雄師
學擅雕龍翠仰鳳樓妙手
霏霏玉屑出塵寰人爭傳馬聲馳西北美譽東南
恭惟
老先生閣下
少君名家

清康熙四十三年（1704）《官林李氏七修族谱》（周文瀚摄）

谷被冈”，说明其开始种植的历史更为悠久。其后民国时期永春也有大量佛手茶生产销售之记载，狮峰岩寺尚有原种植的百年佛手老茶树 89 株，也是现存最老的佛手茶园。由此可见，佛手茶在永春至少有三百多年的栽培历史，狮峰岩应为佛手茶的发源地。

（二）佛手茶的优良种性和资源保护利用

佛手茶的优良种性

佛手别名香橼种、雪梨，无性系，灌木型，大叶类，中生种，有红芽佛手和绿芽佛手之分，永春主栽红芽佛手。1985 年福建省

佛手茶叶性状、红芽佛手芽叶特写（周文瀚摄）

农作物品种审定委员会将其认定为福建省茶树良种（编号：闽认茶1985014）。

红芽佛手植株中等，树姿开张，分枝稀。叶片呈下垂或水平状着生，卵圆形，叶色绿或黄绿，富光泽，叶面强隆起，叶身扭曲或背卷，叶缘强波，叶尖钝尖或圆尖，叶齿钝浅稀，叶质厚软。花少，不结实或极少结实；花冠直径 3.9—4.1 厘米，花瓣 8 瓣，子房茸毛中等，花柱 3 裂。

红芽佛手春季萌发期中偏迟，一芽三叶盛期在 4 月中旬。芽叶生育力较强，发芽较稀，持嫩性强，绿带紫红色（绿芽佛手为淡绿色），肥壮，茸毛较少，一芽三叶百芽重 147 克。其产量高，每亩产乌龙茶干茶 150 千克以上。永春曾有年亩产干毛茶 650 千克的记录。红芽佛手适制乌龙茶、红茶，品质优良。抗寒性、抗旱性较强。扦插繁殖力较强，成活率较高。

佛手茶种质资源保护

佛手茶是独具特色之良种，狮峰岩三百年佛手老茶园更是珍贵的茶树资源。福建省有关部门十分重视地方优良茶树种质资源保护。2008 年，狮峰岩百年佛手老茶树被福建省农业厅列为第一批福建省茶树优异种质资源保护区（编号：闽 CW004)，其地理位置（东西四至）为 A：北纬 25° 19′ 50.4″ 、东经 118° 11′ 06.6″、海拔 715.4 米，B：北纬 25° 19′ 48.8″ 、东经 118° 10′ 59.4″、海拔 712.0 米，C：北纬 25° 19′ 46.4″、东经 118° 11′ 03.0″、海拔 761.3 米，D：北纬 25° 19′ 50.3″、东经 118° 11′ 08.2″、海拔 748.2 米，总面积 17000.85 平方米。有关部门对这一保护区采取了一系列保护措施：

对原种母树89株，砌石壁填土后让其自然生长；对第二、三代老树4.5亩，清除树木杂草、轻采留养让其复壮；对2001年种植的21亩佛手茶园，应用标准化生产技术，加强肥培管理，轻采春秋茶、留养夏暑茶，保持树势旺盛。同时，确定专人负责，落实保护措施，建立管理档案，长期保护。百年老茶园，何等有幸，受到了人们精心的呵护。我们现代人同样何其幸运，可以穿越了时空，品尝三百年前的老树滋味。

佛手茶可称为茶叶王国的一朵奇葩，在众多茶叶品种中独具特色。佛手茶虽有悠久的历史，但除永春之外却无大面积栽培的产区，仅在台湾、闽南等地有所栽培。永春县现有佛手茶栽培面积4.8万亩，

永春县苏坑镇嵩山村佛手茶园

狮峰佛手老茶树保护区（周文瀚摄）

狮峰佛手老茶树保护区（周文瀚摄）

为全国佛手茶生产、出口第一大县。也正是因为永春人对佛手茶的钟爱和呵护有加，才使得佛手茶这一古老传统的茶树品种得以传承、发扬光大。

（三）佛手茶的保健功效

茶叶的保健功效

据现代科学分析，茶叶内含化合物有 500 多种，其中许多是人体必需的营养成分，如维生素类、蛋白质、氨基酸、类脂类、糖类及矿物质元素等，对人体有较高的营养价值；有些是对人体有保健和药用价值的成分，如茶多酚、咖啡因、脂多糖等。

科学研究证实，饮茶可以补充人体需要的多种维生素、蛋白质、氨基酸以及微量元素。此外，茶作为药用在我国已有 2700 年历史。东汉的《神农本草》、唐代陈藏器的《本草拾遗》、明代顾元庆的《茶谱》等史书，均详细记载了茶叶的药用功效。《中国茶经》中记载茶叶药理功效有 24 例，即：少睡、安神、明目、清头目、止渴生津、清热、消暑、解毒、消食、醒酒、去肥腻、下气、利水、通便、治痢、祛风解表、坚齿、治心疼、疗疮治瘘、疗肌、益气力、祛痰、延年益寿等。

佛手茶的民间应用

在民间永春佛手茶历来被视为名贵茶饮，还有将其长年贮藏作为清热解毒、帮助消化之药用的习惯。早在 20 世纪初，佛手茶就以“侨销茶”远销东南亚各国，那一带的华侨都有收藏佛手茶备用的习惯。有诗赞曰：

西峰寺外取新泉，品饮佛手赛神仙。
名贵饮料能入药，唐人街里品茗篇。

（1）佛手茶药茶

药茶作为民俗茶疗起源于唐代，兴盛于清代，而发展于当代，是祖国医学宝库中的珍贵遗产。我国民间药茶的药性平和，服用方便，制作简易，经济实惠，而且疗效显著，安全可靠。永春县中医院周来兴主任医师长期致力于佛手茶养生的研究探索工作，在其编撰的《佛手茶养生》一书中，收集整理了许多佛手药茶配方。

周来兴编著的《佛手茶养生》

①山楂止痢茶

配方：山楂60克，佛手茶15克，生姜6克，红糖、白糖各15克。

用法：将山楂、生姜、佛手茶3味加水煎沸10—15分钟，取汁冲红糖、白糖，每天2剂。

功效：清热消滞、化湿消炎、止痢，适用于湿热痢疾、肠炎。

②马齿苋茶

配方：马齿苋50克，白糖30克，佛手茶10克。

用法：将以上3味同放入砂锅中，加水适量，煎煮片刻，取汁，代茶饮用，连服3—5天。

功效：清热、利尿、解毒、止痢，适用于细菌性痢疾。

③菊花山楂茶

配方：菊花、佛手茶各10克，山楂30克。

用法：取以上3味用沸水冲泡，代茶常饮，一天一剂。

功效：清热、祛痰、消食健胃、降脂，适用于高血压、冠心病及高脂血症。

④丹参茶

配方：丹参 9 克，佛手茶 3 克。

用法：将丹参研成粗末，与茶叶沸水冲泡 10 分钟即可，每天一剂。

功效：活血化淤、止痛除烦，适用于冠心病、高血压治疗与预防。

⑤活血茶

配方：红花、檀香各 5 克，佛手茶 1.5 克，赤砂糖 25 克。

用法：将以上 4 味煎汤，代茶饮用，一天一剂。

功效：活血化淤，适用于抑制脑血栓形成，心血管病，闭塞脉管炎及闭经、痛经。

⑥荷叶药茶

配方：荷叶、佛手茶各 10 克。

用法：以上 2 味用沸水冲泡，常饮服。

功效：清热、凉血，健脾利水，适用于肥胖及高脂血症。

⑦何首乌茶

配方：佛手茶、何首乌、泽泻、丹参各 10 克。

用法：加水共煎，去渣饮用，每天一剂，随意分次饮完。

功效：美容、降脂、减肥。

⑧姜蜜茶

配方：生姜 5 片、佛手茶 1.5 克，蜂蜜少许。

用法：沸水泡生姜 20 分钟，然后与茶水混合，加入蜂蜜，代茶饮服。

功效：清热降火、润肤祛斑、美容，适用于妇女面斑。

（2）佛手茶药膳

药膳是选用一定的食物与防治疾病的中药烹制而成，具有滋补强身、辅助治病的作用。药膳结合了我国传统食疗、食养的理论和经验，是一门医疗保健的应用科学。以下佛手茶药膳食方摘自永春县中医院周来兴编撰的《佛手茶养生》一书。

①葡萄茶

配方：葡萄 100 克，白糖适量，佛手茶 5 克。

用法：茶用沸水冲泡，葡萄与糖加冷开水 60 毫升，与茶汁适量混合饮用。

功效：用作日常保健，有减肥、美容的作用。

②乌发茶

配方：黑芝麻 500 克，核桃仁 200 克，白糖 200 克，佛手茶适量。

用法：黑芝麻、核桃仁一同打碎，糖融化后拌入，放凉收贮。

佛手茶药膳

每次取芝麻核桃糖10克，用茶冲服。

功效：乌发美容，常用可保持头发不白不花。

③柿饼药茶

配方：柿饼6个，佛手茶5克，冰糖15克。

用法：取柿饼与冰糖加少许水，置于罐内炖烂，将茶叶入沸水冲泡5分钟，取汁加入柿饼内即可，每天1剂，食汤与柿饼。

功效：润肺止咳，涩肠止血，适用于肺虚咳嗽，肺结核痰中带血。

④炸虾茶

配方：虾250克，佛手茶6克，生姜、蒜头适量。

用法：茶叶泡开后捞起沥干水分备用，姜、蒜切成末备用。把少许的酱油、盐、黄酒、白酒、茶水、淀粉兑成汁备用。锅中放油，把虾和泡开的茶叶一起放入油中炸酥后捞起。锅中留些底油，把姜、蒜放进去，煸炒后倒入虾与茶汁，翻炒后，倒入兑汁，再适量翻炒即可。

功效：补肾去火，味香开口。

⑤炖猪脚茶

配方：猪脚0.5千克，佛手茶3克，山楂10克。

用法：以上食材加水共炖至熟。

功效：去脂消腻，鲜香可口，油而不腻。

⑥佛手焖饭

配方：佛手茶5克，粳米500克，瘦猪肉、生笋、香菇各适量，精盐、味精、熟猪油各少许。

用法：取茶放入杯中，用80℃热水泡开，5分钟后把茶汁滤出放入锅中。将粳米淘净后放入锅中并添足水煮饭。另取锅上火，放入猪油，烧热后将猪肉、笋、香菇切成小丁（块）放入，再调精盐、味精适量，翻炒均匀，至八九成熟时起锅待用。待饭烧至刚熟时，把炒三丁以及佛手茶倒入锅中，与米饭一同翻炒均匀，然后加盖再焖煮5分钟即成，作膳餐食之。

功效：此茶膳香浓持久，味浓鲜醇，回味甘美，清新入脾。

⑦茶馒头

配方：佛手茶100克，酵母发面。

用法：佛手茶100克加沸水500毫升，泡制成浓茶汁。将茶汁放凉至20—30℃，加酵母发面，再按一般方法蒸制成馒头。此方法也可制成大饼。

功效：色如秋子梨，味道清香，消食健胃。

佛手茶保健功效研究

（1）福建农林大学研究

2002年，福建农林大学郭雅玲教授对10个乌龙茶品种的68个茶样检测黄酮类化合物总量，发现每克永春佛手茶中黄酮类化合物含量平均值为12.00毫克，是68个茶样中总量最多的。而德国医学专家发现黄酮能调节血脂、降低血压、治疗心脑血管疾病等。

（2）福建中医学院的研究

2003年，福建中医学院药学系吴符火、郭素华、贾铷等开展的“永春佛手茶对大鼠实验性结肠炎的疗效观察”试验，每千克开水冲泡3克佛手茶可明显缩短乙酸性结肠炎模型大鼠拉黏液便和便血时间及大便恢复成形的时间，分别缩短15.5小时和35.7小时，局部炎症亦提前得到恢复。试验显示，永春佛手茶含单宁21%、茶素2.4%、黄酮类 1.2%，为所有乌龙茶中含量最高，其中单宁和黄酮类成分，可能是佛手茶治疗胃肠炎的物质基础。试验结果提示，佛手茶对乙酸性结肠炎有一定的治疗作用，这为当地民间治疗胃肠炎提供了实验依据。

（3）永春中医院研究

据永春县中医院主任医师周来兴长年临床经验证实，永春佛手茶对支气管哮喘及胆绞痛、胃炎、结肠炎等胃肠道疾病有明显辅助疗效。永春佛手茶是中华名茶之中兼有品饮与保健双重功用的稀有珍品。

永春县中医院主任医师周来兴

（4）国家植物功能成分利用工程研究中心研究

2016 年，国家植物功能成分利用工程技术研究中心联合国家中医药管理局亚健康干预实验室、清华大学中药现代化研究中心、教育部茶学重点实验室，对永春佛手茶进行深入研究，以清香型佛手茶、浓香型佛手茶、佛手老茶为研究对象，在采用现代先进仪器分析检测佛手茶的品质成分、功能成分和卫生学指标的基础上，采用动物模型和细胞模型，研究了永春佛手乌龙茶的抗衰老、降血脂、调理肠胃、降血糖等保健养生功效及其作用机理，取得了如下研究成果。

①具有显著的抗氧化和抗衰老作用

通过对永春佛手茶的抗氧化、清除自由基活性，秀丽线虫模型的抗氧化应激和抗热应激能力，细胞模型下对紫外线 (UVB) 诱导的神经细胞损伤的保护作用分析，结果发现：清香型佛手茶、浓香型佛手茶、佛手老茶对1，1一二苯基-2-三硝基苯肼、自由基阳离子、羟自由基和超氧自由基均具有显著的清除力及铁离子还原力，表现出显著的抗氧化活性。且清香型佛手茶清除羟自由基的活力最强，浓香型佛手茶的铁离子还原力最强，佛手老茶清除1，1一二苯基-2-三硝基苯肼、自由基阳离子的活力最强。

浓香型佛手茶、清香型佛手茶及佛手老茶均能显著提升秀丽线虫的热应激和氧化应激抵抗能力，延长秀丽线虫在热应激和氧化应激环境下的寿命，具有显著的抗衰老作用。3种永春佛手茶均可有效抵御辐射诱导的神经细胞衰老损伤，显著提高神经细胞中超氧化物歧化酶、谷胱甘肽过氧化物酶活力，减少紫外线损伤引起神经细胞的丙二醛积累。整体而言，清香型、浓香型佛手茶抵御神经细胞辐射损伤的能力优于佛手老茶。因此，常饮永春佛手茶具有增强自由基清除能力，抵御辐射和脑细胞损伤，增强对不良环境的抵御能力，能起到延缓衰老的效果。

②具有显著的降脂减肥作用

通过高脂食物动物模型研究发现，清香型、浓香型佛手茶及佛手老茶均可有效抑制高脂食物小鼠体重增长，有效控制高脂食物小鼠的肝体比，降低肝脏谷丙转氨酶和谷草转氨酶活性，起到保护肝脏、调节脂肪代谢作用，显著降低血清中总甘油三酯、总胆固醇及低密度脂蛋白胆固醇水平；可有效抑制前脂肪细胞增殖与分化、控制脂肪细胞体积，减少小鼠对摄入营养物质的吸收率，表现出较强的减肥作用。因此，常饮永春佛手茶可有效调控人体糖脂代谢，起到降脂减肥效果。

③佛手老茶具有显著的调理肠胃作用

采用下泻植物番泻叶提取物构建小鼠腹泻模型，采用禁水方式构建小鼠便秘模型，研究永春佛手茶对实验小鼠的整肠功能发现，不同类型的永春佛手茶都可一定程度地抑制番泻叶引起的小鼠腹泻，缩短首便时间、增加首便累计量，高剂量的佛手老茶的止泻效果和润肠效果更为显著。永春佛手老茶可有效保护腹泻小鼠和便秘小鼠肠道的嗜酸乳杆菌，抑制肠道肠球菌的繁殖，有效调理肠道有益菌与有害菌结构。因此，常饮永春佛手老茶可改善胃肠道功能，起到调理肠胃的作用。

④具有显著的降血糖作用

通过化学药物诱导的高血糖动物模型研究发现，永春佛手茶可

湖南农业大学刘仲华教授介绍永春佛手茶功效研究成果（姚德纯摄）

有效调控高血糖小鼠的胰岛素代谢水平，增加胰岛素分泌，调控糖代谢与糖运转相关基因的表达水平，降低血清中血糖的浓度，降低餐后血糖升高的水平，减轻高血糖小鼠的临床病理学指标的不利变化，具有显著的调降血糖效果。因此，常饮永春佛手茶可以有效调节糖代谢，预防高血糖症和糖尿病的发生。

三

上天眷顾人爱拼

（一）自然条件优越

良好的气候条件

永春县地处南亚热带向中亚热带过渡气候区。南亚热带和中亚热带分界线横穿永春中部的大吕山、马跳、埔头、上沙、外丘、仙溪和湖城，在此线以东（或南）为南亚热带气候区，此线以西（或北）为中亚热带气候区。

茶树生长要求日平均气温 10℃以上，生长季节月均气温不低于 15℃，最适宜生长温度为 20—27℃，极端最高温度为 35℃，极端最低温度为 －6℃。据永春气象站（海拔 170 米）资料，1959—2008 年永春县年平均气温 20.5℃，7 月均温 28.2℃，1 月均温 12.2℃；极端高温历年平均 37.5℃，极端低温历年平均 0.2℃，≥ 10℃年积温多年平均 7217℃。由于海拔高度等的差异，全县各地年平均气温多为 17—21℃，≥ 10℃年积温 5500—7350℃。年平均降水量 1728 毫米，年平均实际日照时数 1755 小时。以上数据显示，永春县热量充足、雨量充沛，非常适宜茶树的栽培生长。

优良的土壤条件

永春县地处南亚热带季风雨林带和中亚热带常绿阔叶林带，戴云山脉自德化南延伸至永春县，绵延全境。永春县地势由西北向东南倾斜，大致可分为东西两部分，以蓬壶、马跳为界。土壤分布特点主要是随地形升高，而呈现垂直地带性分布。永春县海拔跨度大，从 83—1366 米皆有。海拔 1230—1366 米为地带性黄壤，海拔

700—1230 米为红壤向黄壤过渡带的黄红壤，海拔 250—950 米的中低山、高丘开阔处为地带性红壤，海拔 83—250 米的低丘为地带性砖红壤性红壤。而红壤、黄红壤、黄壤均适合茶树生长。

茶园土壤要求土层深厚（有效土层厚达 60 厘米以上），土壤的排水和透气性能良好，生物活性强，营养丰富，土壤耕作有机质含量大于 1.5%；土壤酸碱度 pH4.5—6.5。永春境内的土壤大多具备发展茶叶生产的优良条件，永春能成为发展佛手茶优势产区也就不足为怪了。

优越的生态环境

永春植物分布显示南亚热带到中亚热带的交错特色，山清水秀，森林覆盖率 69.5%，绿化程度 94.8%。茶树极喜漫射光，丰富的森林资源为茶树带来极适宜的生长环境。永春境内溪流纵横，有桃溪、湖洋、坑仔口、一都溪四大水系，水资源总量 18.21 亿立方米。永春县山地生态环境良好，幽壑高岩，石泉音清，树色层秀，风光宜人，具有生产无公害茶叶的优越自然条件。

（二）生态绿色的栽培技术

栽培技术的改进

长期以来，佛手茶栽培习惯于密植、偏施氮肥和平面修剪。

密植导致茶树个体拥挤、生长空间小，大叶特征表现不出来；偏施氮肥使茶树芽头细长、叶张薄，鲜叶质量不高；佛手茶树形披张，平面修剪易把一部分有效枝条剪去，导致芽头密度不高，降低产量。20世纪90年代末期以来，永春县根据佛手茶品种特性，对其栽培技术加以改进，成效显著。主要改进技术：一是茶园种植密度从每亩3000—4000株改为2000—2500株，合理密植。二是薄肥勤施、配方施肥，以有机肥为主，占年施肥量的40%，各茶季再追施速效肥4—5次，占年施肥量的60%。氮磷钾三要素比例幼龄茶园为2∶1∶1，成年茶园为3∶1∶1。三是打顶抽枝结合平剪培育树冠。应用打顶抽枝把个别高于冠面的枝条从基部剪除，再进行平面修剪，以免大量破坏冠面，进而培养茂密树冠，增加芽头密度，以获得高产。四是合理采养提高秋冬茶产量。采取春茶采后即进行深修剪，夏茶养树不采，冬茶轻剪，调整春、秋、冬各季产量比例为40∶30∶30，增加秋冬茶比例，提高经济效益。

生态绿色茶叶生产技术

永春县充分发挥自然资源优势，建设生态茶园，大力发展无公害茶叶生产。2008年永春县成立“永春县生态茶园建设领导小组”，编制《永春县生态茶园建设规划》，制定《永春县生态茶园建设实施方案》，印发《永春县生态茶园建设技术要点》，举办多种形式的生态茶园建设技术培训。永春县坚持高标准建园，立足保护生态环境，以茶园“头戴帽、腰系带、脚穿鞋”为建设模式，大力推行山顶等重要生态部位退茶还林、茶园套种绿肥、梯壁留草种草、园面铺草、路边空地种树，加强茶园道路、水利、水保基础设施建设，

永春县湖洋镇金斗洋生态茶园（周文瀚摄）

大力推广茶园节水灌溉技术，提高茶园水利化程度；积极推进采摘、修剪、耕作机械化，增强综合生产能力。自2007年启动生态茶园建设项目以来，永春县共建设县、乡、村3级83个、4.1万亩生态茶园示范片，辐射带动全县13万亩茶园的生态建设和病虫生态防控，改善了茶园的生态环境，进一步促进永春生态名茶优势产业的形成与发展。

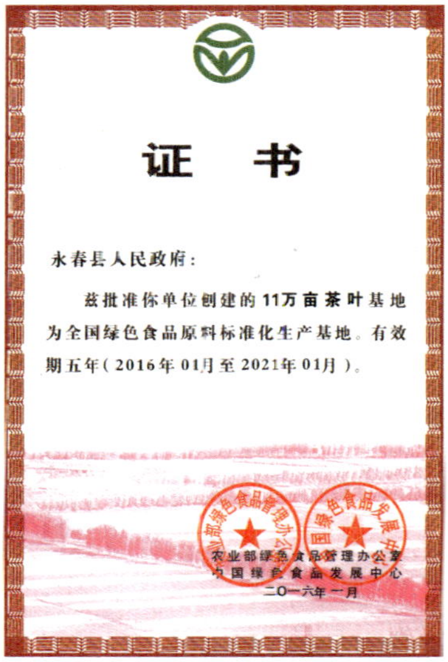
证　书

永春县人民政府：

兹批准你单位创建的11万亩茶叶基地为全国绿色食品原料标准化生产基地。有效期五年（2016年01月至2021年01月）。

农业部绿色食品管理办公室
中国绿色食品发展中心
二〇一六年一月

永春县获“全国绿色食品原料标准化生产基地”称号

生态茶园建设与无公害茶叶生产技术的应用成效显著。2007 年 12 月，永春县茶叶产地被认定为福建省无公害农产品产地，产地规模 11 万亩。2010 年 2 月永春县被中国绿色食品发展中心批准为“全国绿色食品原料（茶叶）标准化生产基地县”，2015 年 12 月成功续建，有效期 5 年。

茶叶生产技术综合标准化

经长期生产实践与技术改进，永春县形成了生态安全优质高效的永春佛手茶标准化生产技术。《永春佛手茶综合标准》（DB35/707—714—2006）于 2006 年由福建省质量技术监督局发布实施。2006 年 12 月永春佛手茶获国家地理标志产品保护。国家标准《地理标志产品 永春佛手茶》（GB/T21824—2008）于 2008 年由国家质量监督检验检疫总局、国家标准化管理委员会发布实施。

“永春佛手茶标准化生产示范区”建设项目先后被列为福建省、全国农业标准化示范项目。永春县推广实施《永春佛手茶综合标准》，编印《永春佛手茶综合标准实用技术》《永春县无公害茶叶生产技术》，建立示范茶园，开展技术培训，使佛手茶标准化生产技术普及应用取得显著成效。

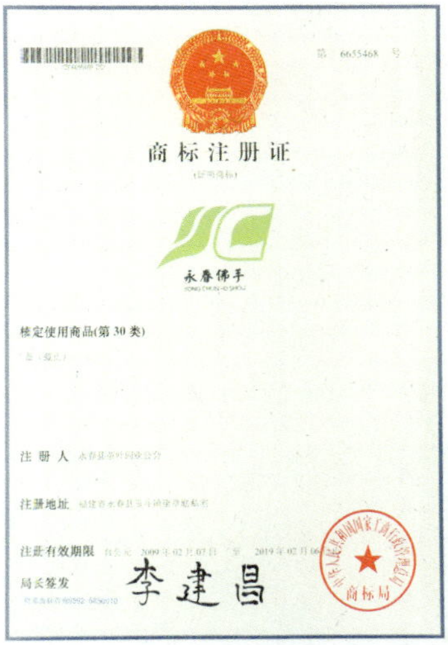

永春佛手茶证明商标

“《永春佛手茶综合标准》的

标准化生产茶园（周文瀚摄）

研究与应用”项目获2008年度泉州市科技进步三等奖。2011年9月“永春佛手茶生产标准化示范区”被国家标准化管理委员会授予“国家农业标准化示范区”称号。2011年12月“永春佛手茶传统制作技艺”被批准列入福建省省级非物质文化遗产名录。

永春佛手茶获国家地理标志产品保护

四

巧夺天工技艺精

（一）加工茶类的变迁

旧时，永春茶叶都加工成绿茶、红茶。清咸丰年间 (1851—1861)，安溪县新创的闽南乌龙茶制法开始传入永春，但直至民国期间仍以制作绿茶为主。新中国成立后的 50 年代，永春县绿茶产量约占茶叶总产量的 80%，1964 年开始，乌龙茶生产比例逐渐增大，1980 年以后，全县生产的茶叶均加工成乌龙茶。永春成为福建三大乌龙茶主产县之一。

2000 年后，为适应市场需求，增加市场竞争力，根据佛手茶品种适制性原理，永春茶农开始尝试制作红茶。

（二）永春佛手茶加工技术

永春佛手茶属青茶 (又称乌龙茶) 类，为半发酵茶，是用永春佛手茶茶树新梢采摘的标准茶青，经过永春佛手茶制作技艺加工而成的具有永春佛手茶品种特征和品质特点的茶叶产品，习惯称为“佛手茶”。

永春佛手茶初制加工技艺流程为：晾青—晒青—摇青⇌摊凉—杀青—揉捻—初烘—初包揉—复烘—复包揉（定型）—烘干等十几道工序。这十几道工序又可分为 3 个阶段，即做青阶段、杀青阶段、

茶叶采摘

揉烘阶段。其中以做青阶段技术性最强，应根据不同鲜叶和气候情况灵活掌握。

做青阶段

做青即晾青、晒青、摇青与摊凉的合称，是闽南乌龙茶品质特征形成的关键，有“看品种做青、看茶青做青、看天气做青”之说法。

晾青：鲜叶采回后，均匀摊放水筛上置于晾青架摊凉降温，以促进叶内水分重新分布。露水青、

晾青

雨水青因其叶面带水，摊青宜薄，每水筛摊叶 0.5 千克；午青需控制水分蒸发的速度，恢复鲜叶生机，摊叶宜厚，每水筛摊叶 1 千克；晚青摊青的目的是使鲜叶萎软，摊青宜薄，每水筛摊叶 0.5 千克。

晒青：也称萎凋，是利用风、热使鲜叶适度失水，并使鲜叶中内含物发生化学变化、叶质变软，利于摇青。当晒青叶叶面光泽消失、

晒青

转为暗绿色，发出轻微青草气味，梗叶柔软，第一、第二叶稍下垂，梗折不断，鲜叶减重 4%—10% 时，即为晒青适度。遇茶青偏嫩或含水分高时，可采用两次晒青。

摇青与摊凉：这一工序是乌龙茶初制的特有工序，需交替反复进行 3—5 次，历时 8—14 小时，茶青减重 6%—16%。在这道工序中，要求鲜叶缓慢地进行内含物质的转化和积累。摇青使鲜叶发生跳动、旋转、摩擦，处于动态；而晾青使鲜叶处于静置的静态。动静结合、多次反复的工序使鲜叶中多酚类化合物氧化、聚合和缩合，使鲜叶

摇青

摊凉

的物理性状变化和化学变化相间交替，促进青臭气进一步散发和芳香物质的形成，从而形成乌龙茶绿叶红镶边的叶态特征和天然的花果香。

目前永春摇青多采用竹制圆筒摇青机，每次装叶至摇青机容积一半。摇青时间长短须根据天气、季节、温度、湿度、晒青程度的不同而灵活掌握。北风天时气温低、湿度小，叶内化学变化慢，宜重摇；南风天时气温高、湿度大，宜多次轻摇；摇青程度由轻到重，摊叶厚度由薄到厚，静置时间由短到长。

摇青适度的茶叶，表现为梗带饱水色青绿，叶面暗绿泛黄有红点，叶缘朱红，叶片突起呈汤匙状，青气褪尽，香味浓郁，佛手茶特有的花果香显露。

杀青阶段

杀青

杀青是利用高温迅速杀死做青适度叶内酶的活性，制止多酚类化合物的继续酶促氧化，巩固做青中形成的色、香、味品质，并在热的作用下，蒸发部分水分和青气味，使叶子变软，为揉烘、塑形创造条件。杀青应掌握高温、短时、少量、扬闷结合的原则。杀青适度，叶色转为暗黄绿，叶质柔软，梗折弯不断，茶香清纯，减重率为18%—22%，杀青后干物质与含水量的比值为 1 ：（1.7—2.0）。

揉烘阶段

揉烘包括揉捻、毛火、包揉、足火四道工序。

揉捻：揉捻是乌龙茶初制的造型工序，采用逐步加压、热揉、快揉的方法，将杀青叶揉软、揉卷，为后续包揉工序打基础，并揉挤出茶汁附于杀青叶表面上，有利于内含物的混合和转化，使水溶性物质形成茶汤滋味，便于冲泡饮用。揉捻适度叶表现为：手摸揉捻叶有滑润、黏手感，无扁条，无断碎条，香气中稍带青气，无杂味。

毛火：又叫初烘，采用烘干机，温度为80—100℃，烘至六成干，即不会黏手即可下烘包揉整形，减重率25%—30%。

包揉：包揉是闽南乌龙茶成形的主要过程，采

揉捻

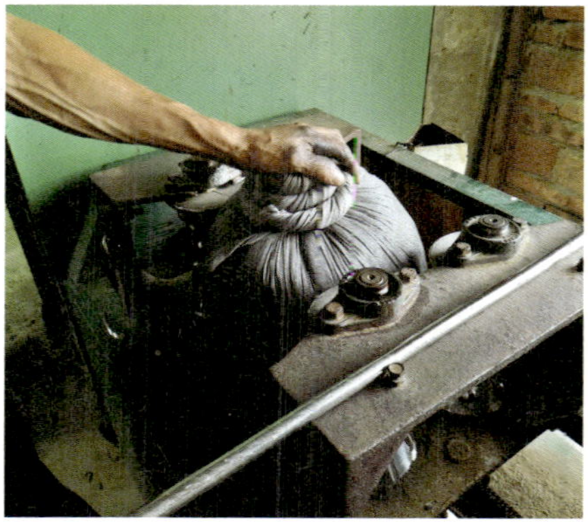

应用速包机包揉

定型

用速包机、平板机、松包筛末机配合进行作业。操作时以白布包裹茶坯，运用“揉、压、搓、抓、缩”等做法，反复多次进行。

复烘：使茶坯升温，改善理化状况，进一步塑形和减少部分水分，防止闷黄。复烘程度应掌握以手摸茶叶微感刺手为度，约七成干。烘干机温度控制在 70—90℃。

复包揉：使茶坯条型进一步紧结卷曲至符合外形要求，操作方法与包揉程序相同。

定型：经多次包揉达到永春佛手茶毛茶外形要求后，束紧布巾（或袋）进行茶坯定型，时间 1—2 小时。

足火：采取烘干机火温 60—80℃ “低温慢焙”至足干。感官标准是：茶

烘焙

叶捏之成粉，茶梗折之即断，香气清纯、无异味，滋味甘鲜，色泽油润，含水量为 6%—7%。

（三）佛手茶加工产品类型

佛手乌龙茶

（1）卷结型佛手乌龙茶

①清香型佛手乌龙茶

这种佛手茶属乌龙茶类，是闽南乌龙茶的杰出品种。成品茶条索肥壮、重实，色泽乌润砂绿或乌油润，香气似佛手柑果香、馥郁

清香型佛手乌龙茶外形、茶汤

幽长，滋味醇厚回甘、品种特征显，汤色金黄，叶底肥厚、红边显。

初制加工技艺流程为：晾青—晒青—摇青⇌摊凉—杀青—揉捻—初烘—初包揉—复烘—复包揉（定型）—烘干等十几道工序。

②浓香型佛手乌龙茶

这种佛手茶属乌龙茶类，是传统清香型佛手乌龙茶的再制品。成品茶条索卷结、肥壮重实，色泽乌润、有光泽，香气似香橼或雪梨果香、浓郁幽长，汤色橙黄明亮，滋味醇厚、回甘快，韵味持久。

浓香型佛手乌龙茶加工流程为：清香型佛手乌龙茶（即佛手茶毛茶），经过定级、归堆、拼配、筛分、风选、拣剔、烘焙等精制工序再加工。

（2）条索型佛手乌龙茶

这种佛手茶属乌龙茶类，是一种半发酵茶，为仿闽北乌龙茶制法加工而成。成品茶条索长卷，色泽乌褐油润，香气似香橼或雪梨

浓香型佛手乌龙茶外形、茶汤

果香、浓郁幽长，汤色橙黄明亮，滋味浓厚、回甘快，韵味持久。

传统的闽北乌龙茶加工工艺有十三道工序，即晒青、晾青、做青、炒青、揉捻、复炒、复揉、毛火、扇簸、摊放、捡剔、足火、炖火等。永春茶农加工直条型佛手乌龙茶时，做青过程大多采用综合做青机做青，也有部分茶农使用闽南竹制的摇青机摇青，做出来的茶叶品质更优。其加工工艺包含萎凋（包括晒青和晾青）、做青（包括摇青和静置）、杀青、揉捻与烘焙等工序。鲜叶原料要求采摘小开面 3—4 叶。

萎凋：一般采用日光萎凋，减重率 10%—15%；若天气不好，则采用加温萎凋，每筒装叶 200—220 千克，时间 1.5—2 小时，以叶质柔软、第二叶下垂，清香显露为宜。

做青：多采用综合做青机做青，在较密闭和温湿度相对稳定的

条索型佛手乌龙茶外形、茶汤

青间里进行，温度控制22—29℃之间，以25℃左右最佳，空气相对湿度控制在60%—75%。采取“重晒、轻摇、摇次多、重发酵”的做法，一般机摇6—8次，摇青过程转数先少后多，静置时间先短后长。整个做青过程历时8—9小时，失水率35%左右。

杀青：当做青叶叶脉透明、叶面黄亮、叶缘红边明显，带有“三红七绿”，叶缘向背卷，呈汤匙状，透发花香，手捏茶团柔软如绵时，进入炒青工序，以固定茶叶品质。炒青要求杀青锅温度250—280℃，每锅投叶量20—25千克，时间3—4分钟。当叶色转暗黄绿色，青气消失，清香显露，嫩梗折弯不断、带有熟香味时，即可下机摊晾。

揉捻：杀青适度叶趁热放入揉捻机，按轻—重—轻的加压原则，揉时4—5分钟，成条索状。

烘焙：分初烘、足火两道工序。初烘高温、薄摊、快速短时，以尽快散失多余水分，烘干机温度130—140℃，烘干时间30分钟左右，达六七成干即可下机摊凉。初烘完成后的茶叶经过1小时左右摊凉进入足火阶段，采用低温慢烤，以促进乌龙茶优良香味品质的逐渐形成并相对固定下来，足火温度110—120℃，烘干时间60—90分钟，手捏茶梗可折断即可。

佛手红茶

佛手红茶属红茶类。成品茶外形条索状，色泽乌黑，具甜香味，汤色橙红明艳，滋味甜醇回甘，具佛手柑韵味，叶底红亮、匀整、肥软。

加工佛手红茶芽叶的采摘，一般是采佛手茶的一芽一叶或一芽二叶、未开面的紫红色芽叶。芽叶的采摘时间在晴天的13时到16时的时段最好。初制工艺包括萎凋、揉捻、发酵和干燥四个工序。

萎凋：萎凋是永春佛手红茶初制的第一道工序，是永春佛手茶芽叶经过一段时间失水，使一定硬脆的芽叶成萎蔫凋谢状况的过程。萎凋方法有自然萎凋和风热萎凋两种。自然萎凋即将茶叶薄摊室外阳光不太强处，约半个小时，要使其失水均匀，然后再移到室内青房薄摊在竹筛上，最好芽叶不要重叠，搁放16—20小时，此间芽叶走水要顺畅，谨防积水；风热萎凋一般是在阴雨天时，把佛手茶芽叶薄摊在青房内，利用抽湿机抽湿或利用热风吹送带走水分，此方法要注意掌握分寸。萎凋程度一般让佛手茶芽叶蒸发水分40%左右，叶片柔软，韧性增强，使青草味消失，茶叶清香显现。

揉捻：揉捻的目的在于使佛手茶芽叶在揉捻过程中成形并增进色香味浓度，破坏叶细胞，便于在酶的作用下进行必要的氧化，利于发酵的顺利进行。揉捻时间视情况而定，30—60分钟，要求芽叶

佛手红茶外形、茶汤

细胞破坏率达 90% 以上。

发酵：发酵是永春佛手红茶制作的重要工序。发酵的目的是使茶芽叶色由绿变红，使绿色的茶叶产生红变，形成红茶红叶红汤的品质特点。发酵的方法是把经揉捻完成后的茶坯倒在青房内垫有湿布的竹筐里，厚 5—10 厘米，茶坯中间均匀留几个可通气的洞，再盖上能透气的湿布；目前普遍使用空调机控制温度和时间进行发酵；保持青房的湿度在 85% 以上，并有新鲜的空气；每隔 1 小时翻动 1 次，其间谨防茶坯闷黄。发酵程度至嫩叶色泽红匀，老叶红里泛青，青草气消失，具有熟果香，一般发酵 3 小时左右。

干燥：干燥是永春佛手红茶制作的最后一个工序。干燥的目的是利用高温迅速钝化酶的活性，停止发酵；蒸发水分，缩小体积，固定外形，保持干度以防霉变；散发大部分低沸点青草气味，激化并保留高沸点芳香物质，获得红茶特有的甜香。干燥方法是将发酵好的茶坯薄摊在烘焙机的筛子上，厚度 3—5 厘米，采用高温烘焙，迅速蒸发水分，达到保持干度的过程；一般是用电烘焙机；初烘温度 130℃，时间为 30 分钟，不关电烘焙机门，其间可抖动竹筛，初烘后停机 30 分钟再复烘，复烘先在 85℃下烘 30 分钟，再在 60℃下烘 30 分钟以上，直至足干。

佛手九制蜜茶

佛手九制蜜茶属再加工茶类。成品茶外形颗粒状，紧结重实，色泽乌润光亮，香气兼具佛手茶品种香和蜂蜜香，滋味醇厚甘甜，汤色金黄透亮，叶底软亮匀整。

加工工艺是先将佛手茶净茶烘焙制得茶原料，准备等量的茶原料和蜂蜜，并将蜂蜜按九等分、每次一份将茶和蜂蜜进行密制，经过九次密制，使蜂蜜沁入茶中，而后进行低温脱水，制成九制蜜茶。

2011年5月永春县得信茶业科研所开始研制佛手九制蜜茶，当年生产近400千克，销售收入20万元，获利7.5万元；2012年生产800多千克，销售收入45万元，获利17.5万元；2013年生产1200多千克，销售收入70万元，获利27万元；2014年生产1800千克，销售收入108万元，获利43万元。2014年，《一种九制蜜茶及其加工方法》获得国家知识产权局发明专利，专利号：ZL 2013 1 0184876.1。其核心技术是采用低温脱水技术，解决行业技术难题。该专利技术的实施增加了永春佛手茶花色品种，可满足不同消费者的需求，带动永春佛手茶产业的发展。

现今，佛手九制蜜茶销售情况良好，主要销往泉州、福州、厦门、

佛手九制蜜茶外形、茶汤

深圳、广州、北京、西安、连云港及香港等地。

金花香橼

中国茶叶有限公司厦门分公司从2011年开始把所有的乌龙茶类品种与湖南黑茶加工工艺结合起来制作，历时五年的研究结果发现，用佛手茶制作的茶品品质最好，汤色清亮、口感好。2016年，该公司以永春佛手茶为原料，研究开发出“金花香橼”新产品，一上市就迅速风靡了茶叶市场，并成为了销售过亿的单品。金花香橼是一种利用永春佛手茶创新制作的富含有益菌的跨茶类新品。2018年永春县魁斗莉芳茶厂投入600万元建设了国内最先进的金花香橼生产发酵车间，这也是福建省首个金花茶叶生产线，年产能600吨。

金花香橼外形、茶汤

2017 年 6 月在南京举办的“金砖国家农业部长会议”，海堤金花香橼成为会议官方礼品茶。

海堤金花香橼广告宣传品

五

与君共品佛手茶

（一）佛手茶的鉴评

佛手茶的审评技艺一般可以分为干看外形和湿评内质两个部分，具体有如下几个步骤。

（1）看外形

将茶样约 250 克置于样盘中，看其条索、色泽、匀整。

（2）评内质

①冲泡

称取 5 克茶样倒于盖杯中（乌龙茶鉴评时茶和水的比例为 1 ： 22），用 100℃沸水冲泡并用杯盖抹去漂浮在杯面上的泡沫，立即盖上杯盖。审评时每个茶样一般要冲泡 3 次，但是每次揭盖闻香的时间要拉长，以使内含物充分浸出。第一冲水浸泡 2 分钟，第二冲水浸泡 3 分钟，第三冲水可以浸泡 5 分钟，即所谓的“2—3—5”。

②闻香气

约 1 分钟后可以开始揭盖闻香。闻香气一般分为三步：第一泡判别香型和气味的清纯，第二泡判别香气的浓淡、强弱，第三泡判别香气的持久性。

佛手茶评比中闻香气

③看汤色

冲泡约 2 分钟后倒出茶汤，观看汤色的深浅、明暗、浑浊等。

④尝滋味

倒出茶汤后趁热尝滋味，方法是用茶匙舀取适量茶汤吮入口中，用舌头在口腔内循环打转，边打转边吸气，使舌部味蕾充分感受，做出相应的综合反应。审评滋味一般按照以下 3 步：第一泡先辨别有否异杂味、品种味；第二泡品种特征最明显，一般判别好坏就以此泡为主；第三泡辨别茶叶耐泡性、持久性，以及与前两泡的滋味是否基本一致。

佛手茶评比时尝滋味

佛手茶评比时看叶底

⑤看叶底

将冲泡完的茶叶倒入装满清水的白色搪瓷盘（或碗）中观看叶底的厚薄、老嫩、走水发酵程度等。

（二）佛手茶的冲泡技艺

要泡好一杯永春佛手茶，须注意以下几点：一是要掌握好茶水比例 1 ∶ 22；二是泡茶水温要求 100℃沸水；三是冲泡静置的时间，第一次应掌握 1 分钟左右，而后随冲泡次数增加适当延长，以使每次冲泡的茶汤浓度基本一致，便于品饮；四是冲泡的次数，一般品质越好的茶越耐泡，好的永春佛手茶可冲泡 7—8 次。

永春佛手茶讲究冲泡技巧：泡茶之前先用沸水将盖杯、小瓷杯、公道杯、漏勺等冲洗烫热，然后将茶叶投入盖杯中。冲泡时沸水应沿着杯边缘冲入，不宜直接冲入杯心。应尽量使茶叶在杯中翻滚，使茶叶均匀受热；沸水一定要充满至杯沿，用杯盖抹去面上的泡沫并用沸水冲洗杯盖，而后将杯盖沿着杯的边缘稍斜插入杯中盖好杯盖，切勿将杯盖正面盖入杯面，以防茶汤溢出。

永春县产茶历史近千年，作为古老茶区之一，品茶之风盛行，街头巷尾经常可见三五人围坐一起品茗论道。品饮永春佛手，先闻其香，再试其味，并反复几次。一般三泡过后才开始论茶的香、味，鉴定茶叶质量优劣。

闽南人泡茶喜欢用德化生产的白瓷盖碗茶具。按照闽南人日常生活习惯，永春佛手茶冲泡主要包括以下八道程序：洗杯、落茶、冲泡、刮沫、巡茶、点茶、看茶、品茶。

佛手茶的冲泡——落茶（周文瀚摄）

洗杯——白鹤沐浴：用开水洗净茶杯，并提高茶杯的温度。

落茶——乌龙入宫：投茶量根据个人爱好灵活掌握，一般为 5—7 克。

冲泡——高山流水：即把开水壶提高向杯中注入开水，使茶叶在杯中随开水旋转。

刮沫——春风拂面：用杯盖刮去浮在杯面的泡沫。

巡茶——关公巡城：浸泡2—3分钟后，把盖杯中的茶汤依次倒进供嘉宾品饮的小茶杯。

佛手茶的冲泡——巡茶（周文瀚摄）

点茶——韩信点兵：将杯中剩下的茶汤一点点地滴注到茶杯中，使每杯茶都浓淡均匀。

看茶——赏色闻香：观赏茶汤的色泽并用杯盖闻盖上留香。

品茶——品啜甘露：即奉茶，品茶。品永春佛手茶要边啜边嗅，浅尝细品，感受佛手茶无比美妙的韵味。

（三）佛手禅茶茶艺

“茶禅一味”。永春佛手茶本与佛有缘，更具禅文化内涵。2000年起，永春先后组建了多支茶艺队，聘请福建农林大学郭雅玲、安溪茶校唐瑜燕等编排佛手禅茶茶艺等，在各类茶事活动中表演、宣传。永春佛手禅茶茶艺包含12个流程。

（1）焚香静气

伴着晨钟暮鼓，伴着袅袅青烟。焚香，表达出我们对茶的尊重和禅悟。幽雅庄严、平和安详的佛乐，像一只温柔的手，把人的心牵引到空灵缥缈的境界。佛乐入耳，心如止水，木鱼磬音，静定初禅。正心静气，敬诚笃厚，如受具戒，如谒如来。

焚香静气（周文瀚摄）

（2）佛赐圣水

“瓶中甘露常遍洒，手内杨枝不计秋。千处祈求千处应，苦海常作渡人舟。”观音菩萨乐于渡人，圣水指点，即便为凡夫俗子，也能进入禅茶意境。佛教故事传说，观音菩萨手捧着一个白玉净瓶，净瓶中的甘露可消灾祛病，救苦救难。手把三才杯，我们称之为“佛赐圣水”，意在祝福好人一生平安。

（3）佛光普照

火之为物，至真至刚。佛之真谛，大慈大悲。至真至刚之火造就至洁至柔之水，犹如大慈大悲之佛感化众生，归依良善。感念佛祖赋予素有“万紫千红花不谢，冬暖夏凉四序春”之称的闽

佛光普照（周文瀚摄）

南永春，山清水秀、四季如春的良好生态环境，造就了永春佛手茶得天独厚的非凡品质。令人如揽明镜，照眼益以照心；如斟北斗，隔形难以隔意。我佛慈悲！

（4）身心俱净

佛讲三净：身净、心净、缘净。身器清净无尘，诸般惑业消除，诸缘了无挂碍。智者慧炼心，寻求诸垢染，犹如寻晶矿，百炼亦成钢；甘露引慧根，沐浴凡尘心，沸水化我执，寥空须自然，一转一千年，一禅一念间。

身心俱净（周文瀚摄）

（5）法轮常转

“身是菩提树，心如明镜台。时时勤拂拭，勿使惹尘埃。”佛度有缘人，佛度有心人。法轮喻指佛法，而佛法就在日常平凡的生活琐事之中。洗杯时眼前转的是杯子，心中动的是佛法，洗杯的目的是使茶杯洁净无尘；礼佛修身的目的是使心中洁净无尘。在洗杯转动杯子时，或许可看到杯转而心动悟道。

（6）请佛出宫

借茶参禅，首选佛手。永春佛手，鲜叶状如佛祖神掌。个中深藏先天禅机，值得品味再三。“永春佛手，一生牵手。”品尝过永春佛手的人，都对她那似天然香橼果散发的奇香、回味甘爽的滋味赞不绝口。著名的“乡愁诗人”余光中，为永春佛手留下了“桃源山水秀，永春佛手香”的赞叹。

（7）礼佛三拜

礼佛三拜，感谢诸佛慈悲，碌碌忙忙，渡化他人。佛法无边，润泽众生，泡茶冲水如漫天法雨普降，使人“醍醐灌顶”，由迷达悟。壶中升起的热气如慈云氤氲，使人如沐浴春风，心萌善念。

礼佛三拜（周文瀚摄）

（8）佛入地狱

“地狱未空，誓不成佛；众生度尽，方证菩提。”佛入地狱，赴汤蹈火，旨在现身说法，舍己度人。投茶入壶，如菩萨入狱，赴汤蹈火；泡出的茶水可振万民精神，如菩萨救度众生。在这里茶性与佛理是相通的。

佛入地狱（周文瀚摄）

（9）纤尘不染

“菩提本无树，明镜亦非台。本来无一物，何处惹尘埃。”佛法无边，佛理精深。佛教精神是净化人心的甘露。浸染过茶叶芳香的头

纤尘不染（周文瀚摄）

汤茶水倾入茶盘，犹如甘露遍洒大地，万善同归般若门。

（10）佛茶一味

永春佛手茶外形肥壮重实，恰似佛之饱满仁慈的面容；汤色金黄明亮，犹如笼罩佛身的金色光芒。清新高远的气味，恰似清警袭人的佛理，醇厚绵长的滋味，犹如诸佛的慈悲心怀。快速幽远的回甘，又像是佛之警世良言，给人的无限启迪。啜苦咽甘，有灵效若神，方知佛手原可济世；因定生慧，看心田无距，始觉禅那即是人间。

（11）普施甘露

缘来是福，缘去也是福。接受是福，施舍也是福。禅茶茶艺讲究：壶中尽是三千功德水，分茶细听偃溪水声。斟茶之声亦如偃溪水声可启人心智，警醒心性，助人悟道。随缘接物，去自由自在地体悟茶中百味，使人心性闲适，旷达洒脱，从茶水中悟出禅机佛礼。

普施甘露（周文瀚摄）

（12）佛送吉祥

一杯献佛祖，感念佛祖功德无量。

二杯献诸佛，感念诸佛超度众生。

佛送吉祥（周文瀚摄）

三杯试深浅，细品茶中禅味，悟得宇宙玄机，参破人生苦谛。

禅茶茶艺表演（刘泷沆摄）

佛法佛理就在日常最平凡的生活琐事之中，佛性真如就在我们自身的心底。敬茶意在以茶为媒，使客人从茶的苦涩中品出人生百味，达到大彻大悟，得到大智大慧。人生世事禅茶道，愈品愈觉意韵长。

佛说“一花一世界，一叶一菩提”，日日是好日，夜夜是春宵。人生如茶，缘起而聚，茫茫人海难得的是个“缘”字。百年修得同船渡、千年修得共枕眠，世间万物逃不过的是缘分。“缘”是大家能够相遇，让我们相约再吃茶去。

永春佛手茶，善哉，善哉。

（四）佛手茶的选茶与贮藏

选茶

面对市场上琳琅满目的茶叶，要选购一泡质量上乘的永春佛手茶，可从以下几个方面入手。

看外形：好的永春佛手茶外形条索紧卷圆结、肥壮重实、匀整

佛手茶叶底

美观。若外形粗松不紧结、颜色比较暗、无光泽的茶叶属于中下品或是陈年茶。同时，还要看外观是否整齐、均匀、洁净，有无茶梗、茶片、茶末和其他杂质。最好再用手抓一把茶叶掂一掂，感觉茶叶轻重，重者为优，轻者为次。

闻香品味：以 100℃沸水按 1 ∶ 22 的茶水比例冲泡佛手茶，通过闻杯盖香气、品尝茶汤滋味鉴别茶叶质量。优质永春佛手茶香气馥郁幽长，有类似香橼或雪梨果香的气味，滋味醇厚回甘，入口生津，水中带香。

观茶汤：优质的永春佛手茶汤色金黄明亮、清透、无沉淀物，冲泡三四次而汤色仍不变淡。

看叶底：永春佛手茶叶底红边明显，手捏叶底感觉柔软厚实、不硬不刺手的，说明其原料好、加工工艺掌握得当。

贮藏

清香型永春佛手茶适宜低温贮藏，目前多采用冷库低温贮藏，以保持其茶叶品质。浓香型永春佛手茶可在常温下贮藏。近年来，永春一些茶农开发制作直条型永春佛手茶、佛手红茶等产品，推出市场备受欢迎，这几类茶叶因其口感好、适合常温储存，市场前景看好。

六 争创一流声名扬

永春佛手
永春佛手
茶韵天娇
2012形象大使选拔赛
总决赛暨颁奖盛典
金奖茶王

（一）品牌建设

名闻遐迩声名远扬

永春茶商茶农很早就有品牌意识。民国期间，华兴公司、鼎仙岩、云苑茶庄、官林垦殖公司等生产的“虎巷佛手”“狮峰佛手”“仙岩水仙”即名扬泉州、厦门等闽南各地，远销东南亚，并有麒麟、葫芦等商标的使用。1938年的5月4日，1940年的6月1日、7日、15日，8月31日，12月14日、21日、28日，《崇道报》上有“狮峰名茶”的广告。1941年，在福建省工商品展览会上，协益茶庄制作的石齿铁观音获得特等奖，华兴茶庄的正岩白毛猴、铁观音获得优等奖，醒狮山永万昌荣记的石岩铁观音获乙等奖。在民国时期，永春茶商就有商标、品牌的意识，难能可贵。

2010年11月，永春县被

永春县获“中国名茶之乡”称号

永春佛手茶获农业部优质农产品称号

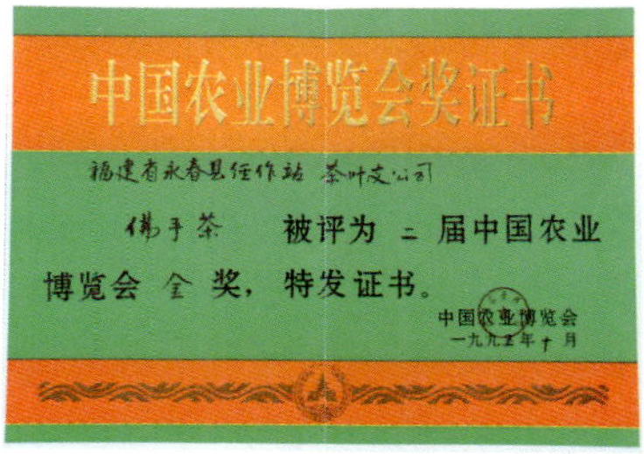

永春佛手茶获第二届中国农业博览会金奖

中国茶叶学会命名为“中国名茶之乡”。2013年永春佛手入选农业部名优农产品名录。在浙江大学中国农业品牌研究中心开展的“中国农产品区域公用品牌价值评估”中，2010年永春佛手品牌价值6.07亿元，列中国茶叶区域公用品牌价值排行榜第38位，此后逐年上升，到2018年永春佛手品牌价值已达16.2亿元，为历年来最高。永春佛手茶历年获省、部级奖励荣誉见下表。

历年永春佛手茶获省、部级奖项

时间	获奖单位	产品名称	颁奖单位	获奖称号
1985年	北硿华侨茶厂	一级香橼	福建省人民政府	优质产品
1985年	永春县经作站	永春佛手	农牧渔业部	优质产品
1986年	北硿华侨茶厂	一级佛手	商业部	优质产品
1989年	永春县经作站	永春佛手	农业部	优质产品
1989年	永春茶厂	永春佛手	轻工业部	优质产品
1995年	永春县经作站	永春佛手	第二届中国农业博览会	金奖
1997年	永春县农业局	永春佛手	第三届中国农业博览会	名牌产品
2008年	永春县魁斗莉芳茶厂	绿芳牌乌龙茶（永春佛手、铁观音）	福建省人民政府	福建名牌产品

精彩纷呈的茶事活动

（1）永春佛手禅茶高峰会

佛手茶是乌龙茶中最为古老的茶种之一。从历史上看，茶原产于我国，经历由药用到食用、饮用的过程，魏晋南北朝时逐渐走入文人的文化视野，至唐代形成独立的茶文化，到宋代渐臻鼎盛。佛教于汉代由印度传入我国，以禅立宗的禅宗在唐代形成，到宋代发展为极致。禅茶文化在唐代最终形成，到宋代日臻完善。两者在历史长河中相互渗透和影响，最终融合成一种新的文化，即禅茶文化。佛手作为茶之名称与特质和禅悟本身融为一体，成为禅茶中最具代表性和最有影响力的茶种之一。

在中国传统文化中，儒家文化精神集中体现在“正”字，道家文化精神集中体现在“清”字，佛家文化精神集中体现在“和”字，茶文化精神集中体现在“雅”字。永春佛手禅茶为代表的“禅茶文化”，既有儒家的正气、道家的清气、佛教的和气，更有茶文化本身的雅气。“正”“清”“和”“雅”的有机融合，完整体现了永春佛手禅茶文化的基本内容和根本精神。

永春佛手禅茶文化的“正”“清”“和”“雅”精神决定它具有一种不同于哲学和伦理学的特殊的社会化功能。禅茶文化离不开人文关怀，离不开生活所需，离不开禅的观照与感悟，离不开茶的精清、淡洁、涤烦、致和之修养功夫。用感恩的心态喝人生一杯茶，社会与自然融合相处，相互成就、共融共济，发扬正气，成就和气；用包容的心态喝人生一杯茶，就会把人间恩怨化淡，人间的“正、清、和、雅”就会在杯盏相敬中得到落实；用分享的心态喝人生一杯茶，每个人都会把爱心奉献给对方，少一点私欲，多一份公心，少

邻里自发组织茶话会，其乐融融
（林文兰提供）

一点冷漠，多一份爱心；当用结缘的心态喝人生一杯茶，同身边所有人结茶缘，结善缘，以净化人生，和谐社会。

永春县优越的自然地理环境，精湛的茶叶栽培加工技术，孕育造就了品质优异的永春佛手茶。其独特的化学基础形成了灵验的保健功效，因此有“贵似黄金灵如佛”之称，突出特征为“壮、悠、厚、健”。

壮：指外形。佛手茶属灌木型品种中叶片最大的，叶大如掌，细嫩油亮。成品茶条索紧卷圆结、肥壮重实，粒大为乌龙茶之首，有佛手之肥壮。

悠：指香气。佛手茶属果香型，香气似香橼或雪梨，果香为乌龙茶之顶，悠扬且持久，含蓄而不张扬，若隐若现，像清风拂云，有佛境之悠然。

厚：指韵味。佛手茶茶汤初入口时微苦微涩，略有收敛感，而后变甘变甜，满口生津，似佳酿之甘醇，回味无穷，如品苍生，有佛韵之醇厚。

健：指功效。佛手茶具显著的抗氧化和抗衰老、降脂减肥、降血糖、调理肠胃作用，有佛体之健壮。

为了挖掘佛手茶文化与宗教文化的内涵，弘扬永春佛手禅茶文化，提高永春佛手禅茶的知名度和美誉度，2009 年 11 月 20 日，由海峡茶业交流协会、福建省佛教协会、台湾茶协会、台湾中华茶禅文化协会联合主办，福建省茶叶学会闽台茶叶合作研究分会、泉州市茶文化研究会、泉州市佛教协会、永春县茶叶同业公会联合承办的 2009 年首届海峡两岸（永春）佛手禅茶高峰会在永春县隆重举行。国家茶叶质量监督检验中心原主任骆少君，福建省海峡茶业交流协会副会长林述舜，海峡文化研究会会长杨华基，福建省茶叶学会会长、海峡茶业交流协会副会长冯廷佺，国台办交流局副局长陈昕，福建省委统战部副部长李韧，泉州市茶文化研究会会长何融融，泉州市佛协会长释道元法师，台湾佛教界的净良长老、圣轮法师、常志长老、性海法师，以及世界佛教僧伽会秘书长慧雄法师等茶叶界、宗教界、文化界知名人士300多人参加了高峰会活动，一同品赏永春佛手禅茶，为佛手禅茶发展出谋划策。

禅茶高峰会活动共进行了“洒净、加持、分享”仪式，“台湾佛法山开山宗长圣轮法师出资佛手老茶树保护与有机茶生产示范基地”石碑揭彩仪式，海峡两岸嘉宾代表共同为“和谐之树——佛手老茶树”培土仪式，佛手禅茶文化研讨会、海峡两岸佛手茶王赛颁奖仪式，海峡两岸茶叶合作项目签约仪式以及发布《中华禅茶——永春佛手宣言》等7项内容。

人民日报、中国茶道网、经济日报、福建日报、海峡卫视、海峡都市报、泉州晚报、泉州电视台、东南早报等新闻媒体都对活动进行了报道，佛手禅茶得到有效宣传与推广。

永春佛手禅茶高峰会

（2）“永春佛手·茶韵天娇”形象大使选拔赛

2012年8月20日至9月28日，由永春县人民政府主办，中桥文化传媒股份有限公司承办的首届“永春佛手·茶韵天娇”形象大使选拔赛在永春县人民会堂拉开帷幕，共有4348名佳丽通过网络报名参赛。活动分为永春、福州、杭州、广州、北京等全国五大赛区，覆盖华南、华东、华北三大片区，历时3个多月，得到东南卫视及腾讯大闽网等20多家媒体支持。活动以“品味当下，秀我风采”为口号，面向全国发起永春佛手形象大使选拔招募。活动前期通过网络报名海选出每个赛区前20名选手进入复赛，争夺全国20强中的4个席位，5个赛区共产生20名选手进入总决赛。

11月22日，经过复赛晋级的20位选手齐聚永春棣兰体育馆参加总决赛。通过形象展示、才艺表演、演讲和茶艺展示等环节，展现了各自的仪表仪态、语言表达能力、气质形象和对茶文化的理解。

“永春佛手·茶韵天娇”形象大使选拔活动（王少华摄）

经专家评审投票，最终来自厦门理工学院的学生张馨彤摘得桂冠，亚军苏婧玲、季军张宇，他们共同成为永春佛手茶的形象大使，阐释永春佛手茶“正、清、和、雅”的独特韵味。这一活动促进了永春佛手茶文化的传播，开创了永春佛手品牌宣传的新形式，是永春县历年来规模最大、影响面最广的茶事盛会，提升了永春佛手品牌知名度，扩大了影响力。

（3）奥运冠军茶文化宣传活动

2014 年 11 月 15 日，由永春县人民政府主办，永春县农业局和世冠有限公司承办的“世冠杯”2014 年秋季永春佛手茶王赛暨奥运冠军永春佛手茶文化推介大会在永春举行。活动邀请到仲满、张娟娟、牛剑锋、佟文、李珊珊、殷剑、滕海滨、胡妮、王丽萍、张湘祥等 10 名世界冠军及各界人士出席。永春县人民政府聘请 10 位冠军担任永春佛手茶文化大使，举行永春茶王赛颁奖仪式。世冠公司与获奖茶王签订合作协议。各

世界冠军到茶园体验活动（姚德纯摄）

奥运冠军体验茶叶采摘（姚德纯摄）

位冠军与嘉宾观看了佛手茶艺表演，品赏佛手茶王，并深入茶场体验茶叶生产加工过程。众多媒体采访报道此次活动，产生轰动效应。

奥运冠军体验乌龙茶摇青工艺（姚德纯摄）

茶王赛活动

茶王赛，在古代也被称为斗茶、茗战，在宋代尤为盛行。苏东坡有诗云："胜者登仙不可攀，输同降将无穷耻。"由此可见，茶王赛在茶叶发展历史上占据重要的地位和作用。永春县为了培育品牌创建意识，历来把举办茶叶赛事作为一项主要工作来抓，通过在本县举办茶王赛、茶叶竞赛等活动，促进制茶技艺和产品质量的不断提高，逐渐把佛手茶推出永春。如今，永春佛手茶已在茶叶市场上占有一席

玉斗镇秋季茶王赛活动

苏坑镇品茶能手大赛

2008 年举办首届中国永春佛手茶茶王电视大奖赛

之地，成为家喻户晓的闽南乌龙茶代表品种之一。

1983 年，永春县经作局在五里街埔头茶厂举办全县春茶质量评比，县茶叶公司举办全县秋茶评比。1996 年 5 月，福建省乌龙茶名优产品评选展示活动在永春县举办。1999 年，苏坑镇举办茶王赛。此后，玉斗、坑仔口、横口、湖洋、一都、呈祥、达埔、东关、下洋、锦斗、介福、桂洋、吾峰、五里街、仙夹等乡镇也举办茶王赛。

2003 年以来，每年的茶王赛成为永春县一项重要的茶事活动；同时，业务部门还组织优质茶样参加各级优质茶叶的比赛和评选，获得许多荣誉称号。

2007 年 4 月，在永春县魁斗莉芳茶厂举办永春县佛手茶制茶能手竞赛。制茶能手现场制作，现场评比，现场交流，有效地提高了茶农技术水平。黄成金等 10 人获“永春县制茶能手”称号。

2008 年，永春佛手茶被确定为第六届全国农民运动会礼品茶，永春县通过举办全县佛手茶王赛，收购优质茶 1500 千克，提供给全国农民运动会，产生良好的宣传效应。

2008 年 10 月，永春县与泉州电视台联合举办“首届中国永春佛手茶茶王电视大奖赛”，苏坑镇嵩溪村兴泰茶厂王进国选送的佛手茶夺得金奖，获得奖品为捷达轿车一辆。10 月 17 日晚，在泉州电视台演播大厅举行总决赛颁奖晚会，邀请市民朋友品赏佛手茶王，扩大宣传。

宣传推介活动

2000 年 1 月，永春县坑仔口镇成为联合国南南合作网茶叶生产示范基地首批成员单位。是年 6 月 15 日举行授牌启动仪式，参与南南合作项目——“茶叶产业化建设”，并与国际、国内网员单位进行交流合作。

2007 年 6 月，由福建省茶叶学会、福建省茶叶协会和永春县人民政府联合主办的“永春佛手地理标志产品保护授牌仪式暨佛手茶文化宣传推介活动”在福州市举行，茶叶界泰斗张天福先生等近百

2002 年参加南南合作研讨会的代表合影（周文瀚提供）

名茶叶专家名人出席了活动现场，人民日报、农民日报、经济日报、海峡都市报、福州日报、泉州晚报、东南早报等媒体给予了关心和支持。会上，福建省质量技术监督局代表国家质量技术监督局为永春县人民政府授予永春佛手地理标志产品保护的牌匾，张天福做了讲话并展示其“永春佛手”题字。11 月，永春茶叶主产乡镇和茶企参加第二届“人文中国 · 茶香世界”中华名茶暨茶文化宣传推介活动，永春县人民政府被授予“中国申奥第一茶——永春佛手生产基地”。11 月，永春茶叶主产乡镇和茶企参加首届海峡两岸（泉州）茶业博览会。

永春佛手地理标志产品保护授牌仪式

参加第二届“人文中国 · 茶香世界”中华名茶暨茶文化宣传推介活动（周文瀚摄）

2008年6月，第三届“人文中国·茶香世界”中华名茶暨茶文化宣传活动在北京人民大会堂举行，永春佛手茶被确认为“中国申奥第一茶”，永春万品春茶业有限公司被确认为永春佛手茶生产企业基地和2008年奥运会北京国际新闻中心茶类特许供应商。

永春茶企参加上海豫园国际茶文化艺术节活动（周文瀚摄）

2009年4月，永春县魁斗莉芳茶厂等茶企参加上海豫园国际茶文化艺术节，莉芳茶厂生产的绿芳牌永春佛手被中国国际茶文化研究会认定为“中国鼎尖名茶”。7月，《闽南茶韵》《茶界》永春专刊出版。11月，举办海峡两岸（永春）佛手禅茶高峰会暨茶王赛。

参加海峡两岸闽南文化节之“和谐海西·千人品茗活动”（周文瀚摄）

2010年，海峡卫视《气象服务》和福建电视台新闻综合频道《说茶》栏目各进行了为期一年的永春佛手茶宣传。2月，永春县魁斗莉芳茶厂、永春万品春茶业有限公司参加海峡两岸闽南文化节之“和谐海西·千人品茗活动”。6月，永春万品春茶业有限公司参加上海世博会为期半年的茶叶展销。9 月，永春万品春茶业有限公司等茶企参加第三届海峡两岸（厦门）文化博览会，展示、宣传、推介永春佛手名茶。

2011 年 11 月，永春县魁斗莉芳茶厂、永春万品春茶业有限公司参加“澳大利亚中国文化年—2011 中国茶文化博览会”。12 月，永春万品春茶业有限公司等茶企参加“闽茶中国行”北京站活动。

2012 年，海峡卫视《气象服务》和福建电视台新闻综合频道《说茶》栏目各进行了为期一年的永春佛手茶宣传。6 月，永春万品春茶业有限公司代表永春县参加了在美国拉斯维加斯国际会展中心举办的“世界茶业博览会”，永春佛手茶加快迈出国门的步伐。8 月，永春万品春茶业有限公司、北硿华侨茶厂参加第四届香港国际茶展。

2013 年 6 月，永春县提供的佛手茶作为“北京沙龙 · 亲历北京茶文化节”驻华使节品茶会用茶。

永春佛手茶王品赏会现场

2014 年 3 月，永春的中闽御品香茶业有限公司、桂鑫茶行等茶企参加第六届香港国际茶展。

2016 年 10 月，永春县魁斗莉芳茶厂、永春万品春茶业有限公司、泉州世冠茶业有限公司等企业参加 2016 厦门国际茶博会。

2018 年 12 月，在泉州、厦门两地举办了永春佛手、永春“闽南水仙”茶王品赏会。

（二）永春佛手行销海内外

海外销售

（1）新中国成立前茶叶外销情况

民国时期，永春茶叶开始销售海外。民国六年（1917），旅居马来西亚的华侨李辉芳、李载起、郑文炳等集资创办永春华兴种植实业有限公司，在太平虎巷开垦荒山，于 1918 年种植佛手、水仙茶苗 7 万多株。所制佛手、水仙茶叶色香味俱佳，名扬闽南各地，且由厦门经销至港澳地区和新加坡、马来西亚各地，颇负盛名，产量最高时达 11.5 吨。

民国二十年（1931），达埔狮峰村旅居印尼的宗亲李原尊和在乡的李原滩等集资创办官林垦殖公司，在狮峰岩垦复茶山，种植茶苗 5 万多株。所产“狮峰佛手”用特制铁盒包装，销往各地，并通过厦门茶栈转销港澳及东南亚各地。

民国期间，华兴公司、仙岩、云苑茶庄、官林垦殖公司等生产的“虎巷佛手”“狮峰佛手”“仙岩水仙”即名扬闽南各地，远销东南亚，并有麒麟、葫芦等商标的使用。但至20世纪40年代末，每年销往海外仅数吨。

（2）新中国成立后茶叶外销情况

新中国成立后，茶叶生产得到发展，产品销售范围不断扩大。1958年起，北硿华侨茶厂加工的佛手茶单独成箱出口。大宗色种茶销售广东，乌龙茶销售厦门出口。1964年，全县茶园面积7785亩，年产62.26吨，出口48.25吨。1973年，全县茶园面积上升到18198亩，当年出口251.8吨，比上一年翻了一番。2007年，全县茶叶产量6817吨，产值2.7亿元。出口1400吨，创汇2380万元。

20世纪80年代后，永春茶叶生产发展迅速。1982年4月，永春县被福建省人民政府定为全省三个茶叶出口基地县之一。1983年，永春北硿华侨茶厂生产的“松鹤”牌永春佛手茶被全国华侨茶业发展基金会评为“培植发展出口优质产品”。1985年，佛手被福建省作物品种审定委员会认定为省级良种。这一年，全县佛手茶园9000多亩，年产量200多吨，远销东南亚各地5000多千克。1986年，国家计划委员会、经济贸易委员会、农牧渔业部、对外经贸部和商业部正式批准永春县为全国乌龙茶出口基地县。1987年，国家农牧渔业部基地办给永春县“乌龙茶出口生产体系”低息贷款126万元，帮助永春发展茶叶生产。1995年，全县佛手茶园面积1.8万多亩，年产量1500多吨，年产值约2000万元，出口量1200多吨，出口创汇100多万美元。2005年，全县佛手茶面积3.4万多亩，产量3500多吨，产值1.05亿元，出口量2100多吨，占总产量约60%，创汇

600多万美元，占茶叶年产值的46.9%。2015年面积4.6万亩，产量4300吨，年产值达3亿元，是全国佛手茶栽培面积、产量和出口最多的县，产品远销美国、欧盟、日本及东南亚等20多个国家和地区。

国内销售

20世纪60年代至80年代，永春茶叶生产发展加快，销路扩大，内销主要销往闽南、广东地区。此后随着茶叶生产的发展，永春茶叶销售渠道不断扩大。2007年，全县从事茶产业的人员5.8万人，拥有茶叶销售企业和茶庄茶店500多家，广布北京、上海、广州、深圳、济南、福州、厦门等大中城市。2017年，全县茶叶企业和茶庄茶店发展到1250多家。茶企、茶庄的壮大，有力地促进了永春茶产业的发展。

七

多姿多彩茶文化

建場十周年紀念
八六老人
何香凝
畫於
首都

（一）茶歌茶诗茶联茶赋

永春佛手茶特有的韵味、神奇的功效和浓厚的禅意，为文艺工作者带来了不竭的创作灵感。我们从多年来涌现出的大量茶歌、茶诗、茶联等文艺作品中选出一小部分，以微见著。

茶诗

七律 咏金佛手

郑达夫

香橼又绿小山妍，潋滟风情春水涓。
寂寂新芽滋夜雨，青青蕉叶记晨篇。
茶清几上盅盅碧，韵漫阶前缕缕胭。
心远无需游世外，佳茗半盏自翩然。

赞永春佛手禅茶

左泽君

寂寞禅茶淡淡妆，一枝独秀闽台扬。
谁知采制成精品，未饮先闻满室香。

五绝 佛手茶

张峰青

拈花一笑里，虽淡有清玄。

佛手茶真味，杯中蕴大千。

禅茶

郑修良

百载佳茗唯香橼，佛手禅茶始桃源。
采摘一掌奉如来，狮峰岩顶逛梦乡。

咏佛手禅茶

李宏伟

饮露餐风枕翠微，丹灵作被月为衣。
漫山伸出如来手，抓住祥云不许飞。

咏永春佛手禅茶

黄守东

日月精华叶底藏，静心洗欲不张扬。
悄融四海千河色，暗润千年四季香。
窗外闲风随冷暖，壶中清友自芬芳。
人生世事禅茶道，愈品愈觉意韵长。

七律 佛手颂

郑达夫

佛手甘霖琥珀光，甘醇溢齿韵悠长。
清心润肺滋胸臆，理气宽中畅腹肠。
婉转琴音飘画栋，缠绵竹韵荡兰房。

神追陆羽心悠远，娥影清清夜未央。

七绝 题福建永春佛手禅茶

吕可夫

烟酒无贪独爱茶，永春佛手润韶华。
香橼伴得禅机品，心地长开不谢花。

茶联

一品佳茗生逸韵
三杯佛手悟禅机（潘炳煌）

一壶尽阅人间事
两岸已生心上香（杜向明）

佛手指天申禅意
慧心思土话茶经（周方忠）

佛手情缘牵两岸
禅茶气韵胜三春（翁景星）

汉口篾香中悟道
桃源佛手里通禅（郑达夫）

聆妙曲赏书香赞人生境界美
品佳茗论茶道结永春佛手缘（苏金茂）

佛手散风馨一味茶源香两岸

禅心催雨露五缘根脉贯三通（李泉溪）

佛手引春风笑吐红芽尊列乌龙长逐梦

禅心生翠韵喜烹香雪满斟明月好裁诗（孟广祥）

茶歌

佛手茶香飘万家

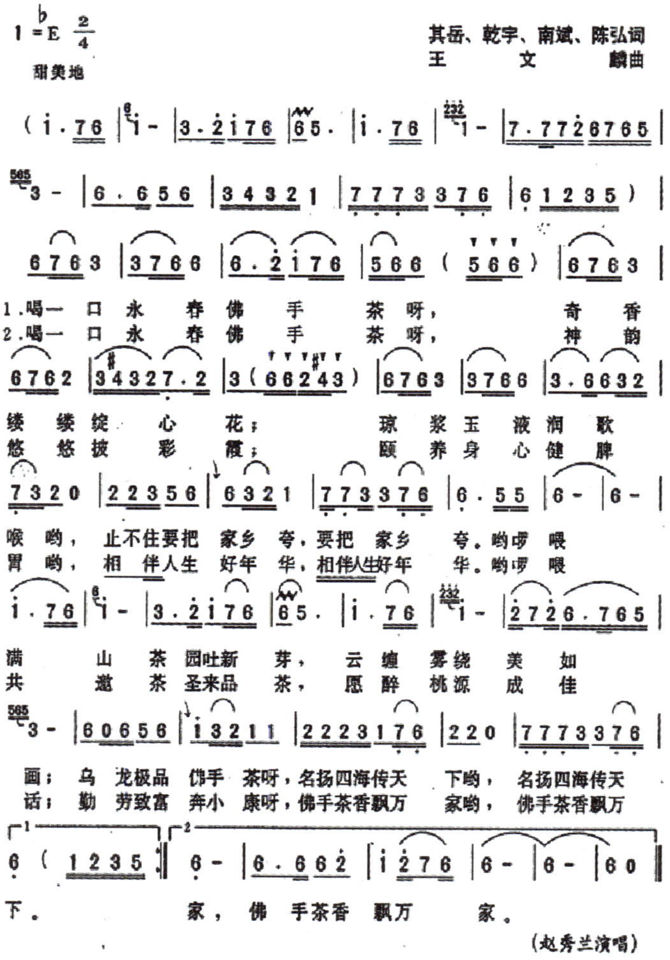

永春佛手茶歌

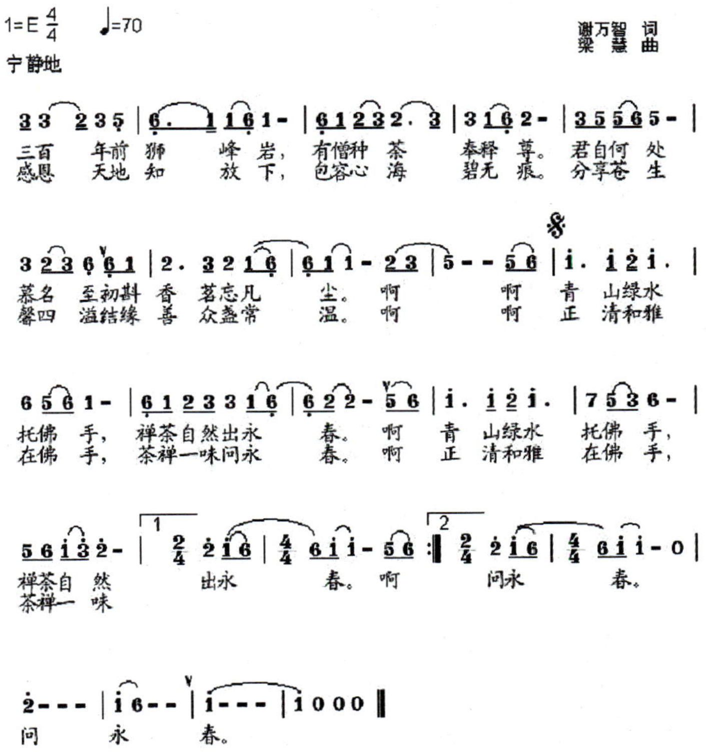

茶赋

佛手茶赋

陈秀冬

自古泛今，茶道兴盛；茶道精神、纯雅礼和。纯为其本，雅为其韵，礼为其德，和为其道。踏山寻妙药，锄地种香茗。吾弱年居于乡野，家栽茗茶已成园；每至新茶制得，故常邀朋约友，品茗论古谈今；茶性宁静，如潭秋水，洁净高雅，除烦去腻，清心明目，提神益思。新香嫩色，淡绿微黄；煎香烹雪，雀舌蝉膏；悬壶高冲，春风拂面。每相品之，欲为所赋。然俗事卒卒，此志无以就；今适逢返乡，见其春色满园，灵芽吐绿，黛叶点点；顿感舌底生津，提神益思，尘虑皆净；一时百感，逐以赋之。

山灵五岳秀，茶称瑞草魁；中国名茶，花色品目繁多，形色各有千秋。观音香茗，饮之佳品；而此茗清香异于它者，能还童振拓扶人寿也；群踵而植，钟蕨而生；弥谷披岗，一望皆是；茶抽蓓蕾，酒熟茅柴。承丰壤之滋润；受甘霖之霄降，吸天地之灵气；孕日月之精华；从卷绿叶，枝枝相连；木兰堕落花微似，瑶草临波色不如。观音初成，沉重壮结、青蒂绿腹、沫成华浮、状如蜻首、色泽鲜润。如有意乎敦本，故微文而妙质。味馥郁而甜鲜；形卷曲而壮结；汤色黄而清澈；茗香溢，尘烦涤。玉杯生液、金瓯泛花。质润喉而明目；虽玉液而可轶；斯味馥郁甘醇，则色鲜碧清澈；非精语所能陈之；非良言所能悉之；闻其味而忘作，品其醇而涤烦；实乃茗中之极品也。

文人墨客七大雅，琴棋书画诗酒茶。酒力能将愁阵破，茶香可使睡魔降。从来名士能评水，自古高僧爱斗茶。文人嗜茶，不可无或缺也；文人于茶，乃精神之粮耳。古诗云：一碗喉吻润，二碗破孤闷。三碗搜枯肠，唯有文字五千卷。四碗发轻汗，平生不平事，尽向毛孔散。五碗肌骨清，六碗通仙灵。七碗吃不得也，唯觉两腋习习清风生。佛门嗜茶、尚茶之风普及。禅茶一味，涤净心灵之凡。焚香引幽步，酌茗开净筵。有诗曰：江南风致说僧家，石上清香竹里茶。法藏名僧知更好，香烟茶晕满袈裟。陆羽作《茶经》，曹晖作《茶铭》。文正范公对茶悦，东坡煮水功亦深。余附庸风雅，舞文弄墨把茶赋。

狮峰岩禅茶赋

廖伏树

永春，古桃源也。邑中古镇达埔，巉岩秀郁，云绕霞被，而狮峰在焉。峰麓有岩，岩旁藏寺，寺右有碧泉一泓，岩间茶树千枞。

泉虽无名，茶号佛手。其泉也，泠泠然，汩汩然，清凛甘冽，不溢不竭，以之瀹茗，味尤胜云。其茶也，温胃轻身，去腻除秽，以之供佛，禅自见矣。康熙间即植而广之。暮露晨霜，茎得澍而将低；春涨秋丛，香从风而自远。灵由骨俊，缀清叶于嘉木；韵自根深，称瑞草以何惭。或谓此为佛手茶之祖，盖以形名，亦识其本耳。

于是濯素手，净玉瓯，温越瓷，正心静气，敬诚笃厚，如受具戒，如谒如来。此茶禅一也。肥厚紧实之叶，入于壶中，翻腾旋渥，渐次卷舒，如洗尘心，如观自在，烦思杂虑，一时涤尽。此茶禅二也。泉煮微沸，质则清澄透亮；茶沉砂绿，汤必金黄酽澈。如揽明镜，照眼益以照心；如斟北斗，隔形难以隔意。此茶禅三也。香如橼橼，经三日而莫名；气非兰芷，虚五盅而奚辨。其韵远引若至，临之已非，如言语道断，心行处灭。此茶禅四也。其味馥郁幽长，绵密甘爽，初则爱其醇厚，如闻中宵梵呗；久而愈见淡雅，如品人生至味。此茶禅五也。于是酌佳茗以相待，度清夜之未央，惟水月之谐美，与君子而同途。流水相期，俯情性之所近；明月相知，况因缘以难得。此茶禅六也。迨其风送水声，万籁翕而咸和；月移山影，九天澄而后清。冷暖自知，消块垒以物外；色空皆忘，浮太和于胸次。此茶禅七也。啜苦咽甘，有灵效若神，方知佛手原可济世；因定生慧，看心田无距，始觉禅那即是人间。此茶禅八也。

故拈花吃茶，无非般若。禅茶一味，良有以也。而桃源诸贤达及台湾圣轮法师力倡之也。古语云："物出于地产之奇，名著于风人之托。"鉴诸狮峰禅茶，诚非谬矣。况两岸同根，禅茶一源。而盛景于斯，因缘于斯，能无志乎？

（二）茶礼

婚姻茶俗

明代以前，闽南婚俗中，婚前礼仪有一道“办盘”习俗，男女婚期既定，男家于婚期前若干日，要备齐聘金、礼盘到女家。礼品除鸡酒、猪腿、线面、糖品外，茶乡还要外加本地产的上好茶叶。婚后一个月，民间有“对月”习俗，新娘子返回娘家拜见生身父母。待返回夫家时，娘家要有一件“带青”的礼物让新娘子带回，以示吉利。茶乡往往精选肥壮的茶苗让女儿带回栽种。

民国以后，闽南婚宴中，上几道菜后，新郎新娘要按席敬茶。宾客茶后要念“四句”，说吉利话逗趣助兴，如“喝茶吃甜，祝愿新郎、新娘明年生后生”等；假如宾客有意开玩笑，不愿受茶时，新郎新娘不得生气或借故走开，要反复敬茗，直至宾客就饮。新婚第二天清晨，新娘子要谒公婆等长辈并敬茶。新郎逐一启示称呼，新娘跟着叫“阿爹”“阿娘”，敬献香茗。翁姑受茶，须送饰物红包压盅，其余家人也如是请茶压盅。

丧事茶俗

在永春，丧葬礼仪也有茶俗。在亲戚奔丧、堂亲送丧、朋友同事探丧时，主人都要对来客敬上清茶一杯。客人饮茶品甜企望得以讨吉利、辟邪气。清明时节，后辈上坟扫墓跪拜先祖，亦要敬奉清茶三杯。清末著名诗人、茶商林鹤年在《福雅堂诗钞》中记述，因“经年未登先观察坟茔，于弟侄还乡跪香致虔泣”时，基于“先观察性嗜茶，云初泡过浓，二泡味淡而香始出，特嘱弟侄于扫墓忌辰朔望时，作茶供，一如生时”。

敬佛茶俗

每逢农历初一和十五，永春农村有些群众有向佛祖、观音菩萨、地方神灵敬奉清茶的传统习俗。是日清晨，主人要赶个清早，在日头未上山晨露犹存之际，往水井或山泉之中汲取清水，起火烹煮，泡上 3 杯当地产的上好茶叶，在神位前敬奉，求佛祖和神灵保佑家人出入平安，家业兴旺。虔诚者则日日如此，经年不辍。

客来敬茶

永春民间历来有“客来敬茶”的习俗，邻居或朋友来时，献上一杯佛手茶。重要客人来，在品饮优质佛手茶的同时，配上几碟永春大橘糖、金橘糖等茶品，再加上闽南乌龙茶特色茶艺。永春的港澳同胞、台湾同胞和海外侨胞有 120 多万人，永春佛手茶也成为永春人生活习俗和礼仪的一部分。

永春街头邻居围坐喝茶（林文兰提供）

斗茶

民国以前，永春民间就有“斗茶、争王”的习惯。茶农在农忙

民间斗茶活动
（周文瀚摄）

之余，经常自发聚在一起，拿出各家制作的好茶品茶比赛，民间品茶师、制茶能手也应运而生。

1983 年，永春县经作局在五里街埔头茶厂举办全县春茶质量评比，县茶叶公司举办全县秋茶评比。

2003 年后（除 2013 年、2015 年），永春县人民政府每年举办茶王赛，政府出台一系列措施，鼓励民间好茶参加国家、省市比赛和评选。

八

茶人茶缘情未了

（一）名人茶缘

李光地为佛手茶题诗

清朝初期，永春达埔狮峰岩僧人引种佛手茶成功，垦山种茶，按季节采摘嫩芽制成乌龙茶。许多岩寺闻风而动，纷纷仿效。初用压条压，后用扦插法繁殖茶苗。

康熙年间（1662—1722），永春蓬壶的梦仙山蔡坪岩有一位著名的方丈，法号文锋，佛学精湛，门徒如云。文锋以茶会友广交贤人，福建高官鸿儒十多人与他契交颇厚，其中有名相李光地。文锋嗜茶，常备佛手茶。因消费量大，特从狮峰岩引种佛手茶苗 300 株，在寺边山坡种植，僧尼们精心护理，适时采制成品。那段时期内，蓬山普济寺也引种 200 株，雪山岩也引种 200 株。这三个岩寺僧众逾百，神农并重，种茶制茶乃必修功课。

据传，当年李光地前来蓬壶游山水，访高僧，对寺僧植茶制茶的做法十分赞赏，高度赞扬佛手茶的品位。有一天，李光地偕蔡坪岩释文锋和普济寺释善苇游罢回寺品茶。席间，释善苇要求李光地题字留念。李光地欣然应允，他说“僧种茗茶以健筋骨，茗扬佛慧而利众生，其功德岂微哉！”于是挥墨题诗如下：

茗香通佛性，善志达天聪；
处世知民瘼，僧勤不计功。

释文锋长寿而终。圆寂后，岩寺为他造墓，李光地撰写墓志。

蔡坪岩种茶传统延续至光绪年间。因国运寺运衰落，僧尼尽散，茶园尽废，岩宇后来又毁于兵火。20 世纪 40 年代，旅菲高僧性愿法师曾计划重建，因故未果；至 60 年代该地变作水库库区。

杜昌丁喝佛手茶解毒

杜昌丁（1687—1761），字松风，江苏青蒲（今属上海）人，副贡生。清雍正十二年（1734）永春县改为州，昌丁为首任知州，先后在任 27 年，其间还代理过泉州及建宁知府，政绩显著。《永春县志》称：其“廉洁宽厚，深得人心，三百年中盖无与比。乾隆三十六年（1761）卒于官邸。贫无以殓，州人争赙之，榇乃得归”，“棺柩运归原籍之日，泣奠者盈于道”。

杜昌丁称得上一位饱学儒官。雍正二十二年主持纂修《永春州志》。他能诗文、善书法，其诗多记叙巡视政务活动，有感而发，清新可读，许多篇幅表现其亲民勤政思想。今泉州清源山还留有他的诗文及书法题刻。他在州衙内手植荔枝两棵，至今仍古劲苍发，年年开花结果，引人驻足遐思。

杜昌丁生活节俭简朴，他有一大嗜好，即喜吃猪鼻子，日常惯用猪鼻当菜佐酒，既经济又实惠。有个医生得知杜知州的食癖后，暗自忖度，猪鼻子有“风毒”，知州长年食之，日积月累，必然“风毒”暴发，全身溃烂。于是他在州衙门对面开设外科医馆，等待为知州医治毒疾，一来可以扬名立万，二来可与知州结友以图后报。可光阴荏苒，半年、一年、两年过去了，仍不见知州来就医。他百思不得其解，几经探听，才知道杜知州不但爱吃猪鼻子，而且爱喝佛手茶，每天早晚都要沏两壶佛手茶。医生才恍然大悟。东汉《神农本草》载得明白，神农尝百草，尝遇七十二毒，得茶而解之。正如宋代欧阳修《茶歌》赞颂的：“论功可以疗百疾，轻身久服胜胡麻。”尤其是永春佛手茶性平和，含有人体需要的有机成分和矿物质，更具有显著的辅助治疗疾病之功效。

何香凝情系北硿华侨茶果场

曾任国家华侨事务委员会主任、全国人大常委会副委员长的何香凝，1950 年 2 月呈书中央建议国家鼓励华侨投资开荒，发展种植业，1954 年永春北硿华侨垦殖场成立。

1955 年，福建省人民政府华侨事务委员会（以下简称省侨委）和著名侨领尤扬祖先后向何香凝汇报了北硿办起农场，垦种油茶、茶叶等情况。何香凝十分欣喜，随后便拿出自己出版诗画所得到的稿费 7000 元，寄到福建省侨委转赠场里，作为扶持生产基金。

1958 年，北硿华侨垦殖场为何香凝带去了场里自产的油茶 5 千克，何香凝非常开心，提笔写了“劳动万岁”的横幅赠予北硿。

1960 年，北硿华侨垦殖场与永春茶场合并，更名为“永春北硿华侨茶果场”，何香凝赋诗鼓励：

一张拙画慰劳君，勉励归侨爱国心。
万劫千辛归故里，劳动建设勇于人。

1961 年，全国国民经济处于极端困难时期，何香凝多次过问北硿华侨茶果场的生产和归侨生活情况，并赠送了亲笔画的梅花图和亲笔书写的“团结爱国”和“增产节约”条幅，勉励归侨。

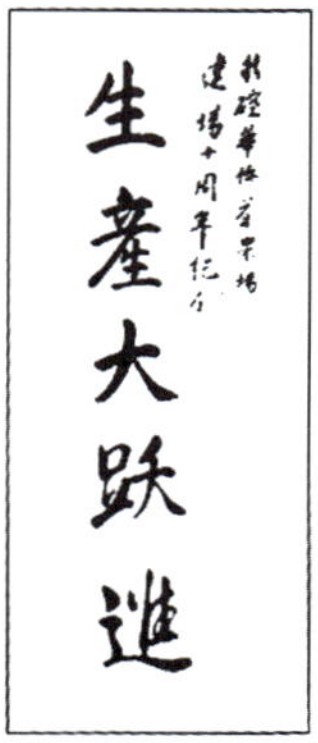

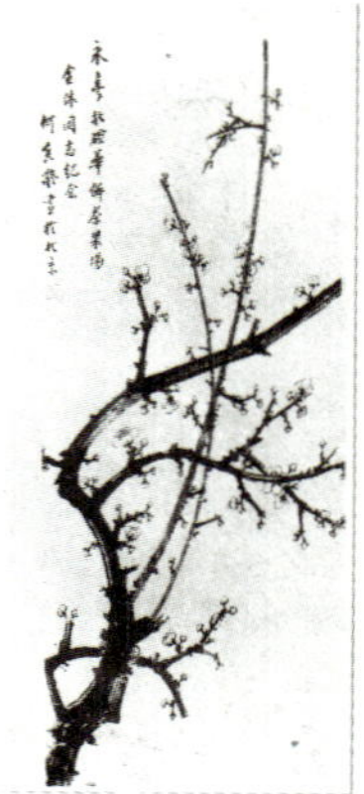

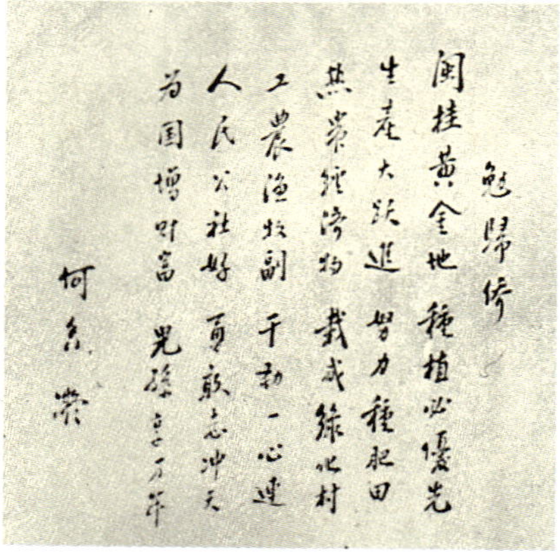

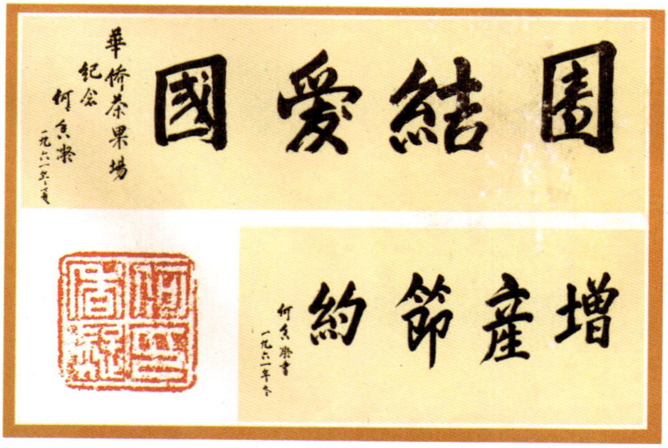

何香凝题赠北碚华侨茶果场的诗画作品

1964 年，北硿华侨茶果场已创办 10 周年，已是 86 岁高龄的何香凝亲自写下条幅“生产大跃进，努力种肥田”，并赠送一幅红梅牡丹画，予以祝贺。

弘一法师“永春佛手，如遇知已”

弘一法师（1880—1942）本名李叔同，弘一是其法号。在俗时是一位多才多艺的美术教育家，1918 年在杭州虎跑定慧寺出家为僧。在他 24 年的沙门生涯中，有 14 个年头在闽度过，其中一年半时间挂锡永春普济寺。在此期间，每日清早起床刷牙洗脸后，他都先用三杯清茶敬奉释迦牟尼佛，礼毕后才诵经念佛，从不间断。

1939 年 4 月 16 日，弘一法师应永春僧俗 4 次邀请，自泉州乘木船沿桃溪来永春。中午即借桃源殿小息，主人拿出狮峰佛手茶请大师喝。大师啜了几口，大加赞扬，连说“好茶，好茶！名不虚传”。午后，他神采奕奕，精神饱满地为永春佛教徒作了场精彩演讲。

李芳远是弘一法师的得意弟子，也是大师的“忘年交”。1942 年元旦，弘一法师致蒋竹庄居士的手札云：“芳远童子十三岁时，即与朽人相识。他知道老朽喜欢喝永春佛手茶，不时捎几斤狮峰佛手茶给我饮用。”1942 年 10 月 13 日，弘一法师圆寂于泉州温陵养老院，焚化之日，李芳远赶赴泉州，于弘一法师龛前献上三杯永春佛手茶，同时在他灵前奠茶三巡，以示敬仰。

弘一法师与湖洋鼎仙岩住持高僧广欣喜师（1864—1934）交往甚厚。广欣喜师为永春一代名师，曾任永春首任佛教会会长。弘一法师与广欣喜师交往频繁，品茶论经说佛。广欣喜师七十寿诞，弘一法师不喝酒，只品永春狮峰佛手茶。你一杯，我一杯，喝得津津

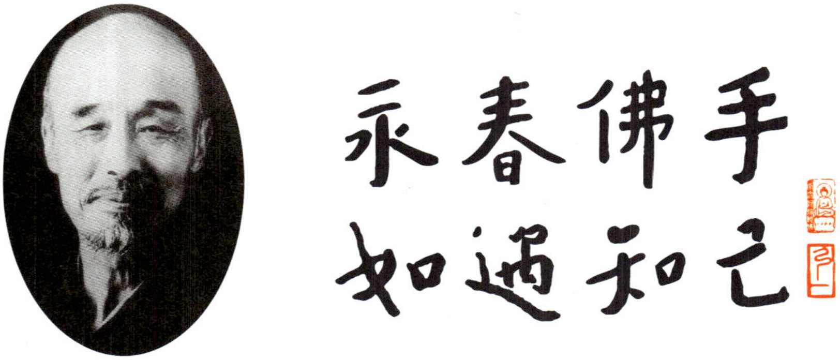

弘一法师写下“永春佛手　如遇知己”

有味，万分高兴，高谈阔论，极其称赞永春狮峰佛手茶是好茶，粒粒馨，令人百喝不厌。

弘一法师也曾以佛手茶作为礼物赠送友人。1936 年闰三月，弘一法师在厦门写信给丰德胜士时特意说：“附奉上永春佛手种茶二瓶，乞受收。”

弘一法师在永春普济寺呆了 572 天。他烟酒一点不沾，天天只饮狮峰佛手茶，还给自己定一条清规戒律：一日二餐，过午不食。一天，大师应永春名士郑翘松的邀请赴宴，时已过午，大师只喝了几杯佛手茶就离席告退。离别时笑着说：“喝佛手茶比出席宴会好啊！”

普济寺非常清幽，峰峦竞秀，峭石嶙峋，林葱树密，涧泉清冽。弘一法师对永春普济寺富有感情，在挂锡普济寺时，不开山，不授徒，于诵经、著书之余，就是喝茶、品茶。真所谓“云翻翰墨诗魂健，泉入佛手俗气无”。弘一法师一直说“永春佛手，如遇知己”，这可以说是大师对佛手茶的至高评价了。

林桂镗助力永春茶叶发展

林桂镗是我国著名的茶学专家，曾任福建省农业厅厅长等职务。1961—1971 年三次支援亚非地区获得种茶成功，在当时轰动世界。这位大名鼎鼎的茶叶专家，还与永春茶叶擦出火花，为永春茶产业的发展留下不可磨灭的印迹。

1965 年 2 月，中央华侨事务委员会在广东省英德华侨农场召开全国华侨农场茶叶生产工作会议。会议前夕，时任中华人民共和国华侨事务委员会（以下简称中侨委）副主任的林修德看望永春北硿华侨茶果场的与会同志，要求北硿华侨茶果场的代表在会上发言，介绍发展经验。而当时茶果场面临的情况是，农场投资不足，生产技术落后，以至于造成茶树长势差、树幅小、产量低，没有多少先进经验可介绍。针对这种困局，福建省侨委决定邀请福建省首批执

北硿华侨茶果场

行援外任务的福建省农业科学院茶叶科学研究所的专家到场指导。于是，有了林桂镗同志与永春佛手的一段情缘。

1965 年 5 月，时任福建省农业科学院茶叶科学研究所所长的林桂镗，率领沈丰年、许德元、何妙华、陈树森和蓝绍登等几位茶叶专家，到永春北硿华侨茶果场指导茶叶生产，推行科学的茶园管理方法，以期改变茶果场长期低产局面，促进茶叶生产。在北硿华侨茶果场，林桂镗带领几位专家上茶山，实地考察茶园的开垦、土壤、种植及病虫害等状况。

林桂镗等专家成员在掌握第一手资料后，为农场作业组组长、生产骨干及全体管理人员做了 6 场科学种茶知识专题讲座。专家组在农场待了一周时间，与永春北硿华侨茶果场结下了不解之缘。在农场低产茶园进行全面改造的前三年，林桂镗每年都挤出时间到农场走一走，看一看，送技术、解难题；农场遇到难关时也会上门请教。经过三年苦干，农场初获成效。1968 年，当年平均亩产干毛茶达 54.5 千克，较改造前的亩产 27.5 千克，增长了 98.18%。也是这一年，农场首次实现盈利，扭转了自建场以来一直处于亏损的局面。到 1987 年，农场连续盈利 20 年，为国家创利税一千余万元。在当时那个时代，这可谓是巨大的贡献。这沉甸甸的成果背后，凝聚的是茶果场数千员工艰苦创业的辛勤汗水，也浸透着林桂镗等专家的心血和智慧。

张天福的佛手茶缘

张天福先生出生于 1910 年，是著名的茶学家、制茶和审评专家，被称为“中国茶学界泰斗”，其与永春佛手茶渊源极深。福建茶叶学会茶文化研究会秦威秘书长撰写的《品佛手札记》记述了张天福与永春佛手茶叶的情缘轶事。

早在20世纪40年代，张天福曾得一泡极品佛手，给他留下深刻印象。但在其后的长达30多年中，从未遇品质超越者。1982年，国家商业部计划组织全国名茶评选，张天福是评委之一，他就想通过评审把佛手茶推介出去，但当时永春佛手茶的质量未能令他满意，便萌生亲至永春监制的想法。1982年春茶刚开采，73岁的张天福亲临永春北硿华侨茶果场驻点一星期，监制参加全国评比的佛手茶。农场领导高度重视，召集制茶能手，听取张天福的工作安排。在张天福的指导下，前五天生产的五个批次茶样品质有了明显提高，但仍未达到张天福提出的参加评比产品的质量要求。在

张天福鉴评永春佛手茶

张天福题词“佛茶飘香”

制作第六批茶叶时，天从人愿，遇到了好天气，富有经验的制茶师傅领会了张天福的技术要求，终于做出了一批质量上乘的佛手茶叶，张天福高兴地带着这批茶样去了湖南长沙市参加全国名茶评选会，佛手茶样入选了评选前30名。这次制作参评茶，对永春佛手茶叶质量提高和生产发展起到重要的促进作用。张天福始终关怀永春佛手茶，对其优异品质赞誉有加：“永春佛手，点滴入口，齿颊留香，色香味俱臻上乘，不愧为茶中名品。”2000年，已90岁高龄的他仍到永春担任茶王赛评委，并题写了“佛茶飘香”的题词。

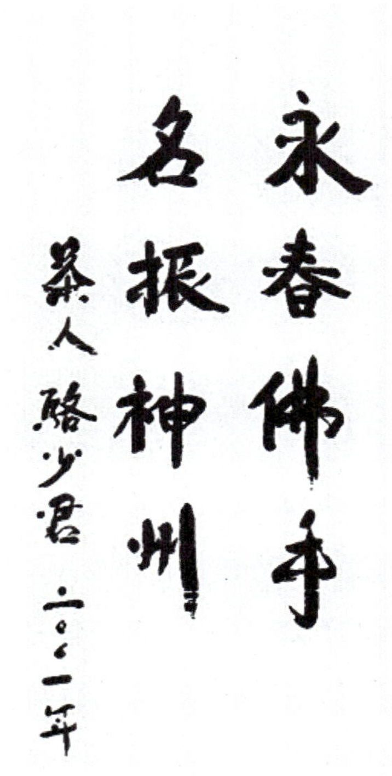

骆少君题写“永春佛手　名振神州”

骆少君对佛手赞誉有加

国家茶叶质检中心主任、高级评茶师骆少君对永春佛手情有独钟，认为其具有独特的保健功能和茶禅一味的历史背景，是茶叶大帝国“皇家大院”的名门望

骆少君参加海峡两岸（永春）佛手禅茶高峰会

族之一。骆少君曾多次到永春参加佛手茶鉴评活动，对佛手茶的保健功能赞不绝口，她说：在乌龙茶中，永春佛手茶的保健功能是非常特殊的，所以前两年我把销区的评茶高手都请过来，他们对永春佛手的印象很好，说喝了以后很回甘，而且对肠胃消化的感觉很好。保持自己的特色，依靠独特的保健功效和似香橼香气的品质特征，永春佛手一定能够成为出类拔萃的茶种。2001 年在茶王赛评审完永春佛手茶后，她欣然题词“永春佛手，名振神州”。

余光中的家乡佛手茶情结

台湾著名诗人余光中先生祖籍永春，诗歌、散文、评论等创作都很有建树，驰骋文坛逾半个世纪，涉猎广泛。他那首广为流传的《乡愁》，饱含对故乡的无限思念：

> 乡愁是一湾浅浅的海峡，我在这头，大陆在那头……

拨动了无数台湾同胞的思乡心弦，写出海峡两岸同胞无法割断的亲情。

余光中为永春佛手茶题词

余光中先生对家乡的一草一木均情深意长，他数度回故乡寻根，品茶题词，还先后创作了《永春芦柑》《五株荔树》等诗作。无数个思乡夜里，浓得化不开的乡愁，一杯一杯的佛手茶，更是寄托了余光中先生无尽的思念。2004 年，余光中先生回到家乡，品尝永春佛手茶后，欣然写下了“桃源山水秀，永春佛手香”。他还说：“想不到家乡有这么好的茶，我一定要带回台湾，让更多的人知道我们永春的好茶。”

圣轮法师与永春佛手茶结缘

圣轮法师是台湾佛法山的住持、台湾茶协会理事长，长期以来，他以茶为媒，致力于推动海峡两岸茶文化的交流。先后 30 多次率团到大陆访问，多次来到福建，走访了安溪、永春、武夷山等重点茶区，以茶会友，广结茶缘，推进两岸茶业的合作交流，为两岸茶人所称道。

圣轮法师到永春参加活动并题词

2008 年 11 月，在第二届海峡两岸茶业博览会上，圣轮法师听说永春佛手茶的源流传说，表现了浓厚的兴趣。茶博会结束后，圣轮法师就到永春找寻佛手之祖。当他在永春达埔狮峰岩见到保护完好的 89 株 300 多年的佛手老茶树后非常兴奋，当场写下“佛手佑天下，名茶冠古今”赠与当地农民，并在第二天回台前再次登上狮峰岩剪下佛手茶穗带回台湾繁殖。

这一次寻根，使圣轮法师与永春佛手茶结下了不解之缘，产生了在狮峰岩建立佛手老茶树保护和开辟佛手有机茶园的想法。经过与永春县的多次沟通，在 2009 年 5 月 17 日（厦门）首届海峡论坛上，圣轮法师与永春代表团签订协议，决定将自筹的 28 万多元资金用于保护永春狮峰岩近 50 亩的老佛手茶园，并在此基础上再种植 50 亩有机佛手茶，今后将盈利部分作为当地公益事业之用。

圣轮法师结缘永春佛手后，永春县认真组织落实，开展老茶树的保护与利用。2009 年 9 月 11 日，时任永春县委副书记徐春晖率团赴台，参访台湾茶协会及佛法山，与台湾茶协会圣轮法师、杜西铨、张连发等人商议，共同推举佛手茶为中华禅茶最具代表性品种之一，并且决定在永春县共同举办“2009 年首届海峡两岸（永春）佛手禅茶高峰会暨佛手茶王赛”。佛手茶成为了海峡两岸农业交流的大使和两岸人民茶亲茶情的媒介，圣轮法师结缘佛手茶成为海峡两岸茶文化交流、茶产业合作的典范。

（二）茶人茶情

李尧南

李尧南，1899 年出生于达埔镇汉口村，是民国永春著名商人，曾任永春县商会会长等职，为永春佛手茶的发展做出重大贡献。

永春县种植佛手茶始于清康熙年间，发源地是达埔狮峰山。20世纪30年代，李尧南在狮峰山购地植林，并与人创办官林垦殖公司，大面积引种永春佛手茶，种茶和制茶一条龙生产，李尧南的哥哥李尧墩担任官林垦殖公司的副经理。为方便管理茶园，李尧墩在狮峰的铜锣山上建屋，把家人也搬到山上去。当时佛手茶畅销闽南，并大量出口马来西亚、新加坡，走出国门。1938年《崇道报》还刊登了李尧墩所作的广告，称“名山产名茶”，“永西之狮峰岩，为本邑名胜之一，古产雀舌名茶，驰誉一时。数十年来，因失经营，以致荒废。同人等有鉴及此，乃组公司，积极垦殖，栽种雀舌香、佛手种、铁观音等名茶。出品以来，茶翁雅二，誉为尽美”。当时国民党军师长李良荣（同安人）曾托李尧南买佛手茶，李尧南精选1公斤装在金属盒里送给他。谁知李良荣喝上了瘾，写信再买几斤。

厦门大学教授郑启五曾说：“以前老厦门人喝茶，永春佛手茶和安溪铁观音是同一个档次的好茶。可以说，佛手茶与铁观音是乌龙茶中的姐妹花。”李尧墩、李尧南兄弟为永春佛手茶的中兴发展和走出国门，功不可没。

1952年，李尧南将狮峰山所种的成片林木和茶场无偿地献给国家。

郑永针

1923年10月，郑永针出生于一个贫苦农家，15岁就开始在桃东石碣茶山打工学制茶工艺，不到3年他就学会制茶工艺。新中国成立后，郑永针进入永春县茶叶公司，他博采众长，功夫日深。

他说，茶艺很深，制出好茶，必须有天时、地利和功夫三个条件。天时即茶叶生长的小气候，采摘制作的时间要看准；地利是茶树生长的土壤、水分和自然环境；功夫是茶叶加工的技术，即采青、晒青、炒青、揉捻、烘焙等。每一道工序都必须掌握得恰到好处，都得考虑到加工时的气温和湿度。当时很多人称赞他制茶功夫已炉火纯青，他却摇头说，其实大家做茶都一样，我不外乎注重两个字，叫“认真”。

郑永针展示佛手茶（郑清池提供）

1987 年，永春县茶叶公司改变经营机制，郑永针承包经营茶

郑永针（中）与郑清池（左）父子茶师在马来西亚举办讲茶会

叶公司茶叶经销部。经过他几年的努力，经销部很快就发展成为信誉佳、业绩好的单位，过硬的产品质量和出色的经营赢得了声誉和市场。

1990年，郑永针创办永春大地茶厂。从茶叶的收购、挑选、加工、焙制到最后成品，每道工序他都严格把关，因此茶叶品质不断提高，赢得了新老客户的信赖。虽然如今他年事已高，但仍不断潜心钻研茶艺，由他及其儿子郑清池一起制作的“永鹏”名茶，得到各界的好评。

1992年，为扩大永春茶叶在海外的知名度，郑永针以赴马来西亚探亲为契机，在吧生举办了“龙乡茶庄中国茶”讲座，轰动一时。其道地的茶品茶道备受当地人青睐。同时，郑永针、郑清池父子受聘任马来西亚大地茶行的“茶叶监督师”，负责永春茶叶输出马来西亚的质量监制、检验，促进了永春茶叶在马来西亚市场的销售。在茶文化推广方面，郑永针也是不遗余力。2000年至2001年他连续举办两期“情系乌龙茶之约”的中国茶文化活动，做关于乌龙茶的历史、制作、分类、鉴别、储藏及保健知识的讲解，应邀与会的陈仪乔、邓章耀、周美芬等州议员均向新闻媒体表示要大力宣传中国茶文化，在马来西亚有较大影响的《星洲日报》《南洋商报》《光明日报》都在头版头条报道活动的过程。这些都大大提升了大马市民对茶文化的认知程度和鉴赏水平，促进了永春茶在马来西亚市场的推广，提升了永春茶的知名度和影响力。

郑永针的制茶技术高，品牌意识强。在全县举办的赛茶王活动中，他制作的茶叶多次获茶王称号；在全省乃至全国的各项茶事活动中，他的产品也多次获得殊荣，2001年永春大地茶厂选送的铁观音被认定为中国国际农业博览会名牌产品。1995 年，郑永针被永春县人民政府授予乌龙茶创名牌先进个人。

黄圣厚

1958 年 11 月，16 岁的黄圣厚进入永春茶叶专业学校学习，1960 年 7 月茶校毕业后走进了国营永春北硿华侨茶厂的大门。他先在审评室担任技术员，从事毛茶收购、交接验收和精制拼配等茶专业技术工作。接着担任工程师、副厂长，之后还考取了国家一级茶叶加工技师、国家高级评茶师资格，在茶厂如鱼得水，一步一步走得踏实而快速。1982 年起，黄圣厚开始担任茶厂厂长。

黄圣厚（左一）

1984 年，国家实行市场经济，茶叶市场放开，没能适应市场经营机制变化的北硿华侨茶厂出现经营困难。1997 年之后，永春北硿华侨茶厂决定将茶厂承租给黄圣厚，由他来管理茶厂，希望能够借他之力让茶厂境况好转。在黄圣厚接手的 8 年承租期内，茶厂经营情况稍有好转。2003 年，黄圣厚退休了。次年，交还政府的茶厂因为引资无门，停产了一年。已经 62 岁的黄圣厚看着互相依存几十年的茶厂荒置，心有不忍，他没有在家享受安闲日子，还是选择回到茶厂，延续他的茶人生涯，直到生命的最后一刻。

（三）知名茶企

海外华侨与祖国的纽带——北硿华侨茶果场

北硿是永春县东边的山区，这里原是一片荒山，由于老虎多，所以又有“虎巷”之称。1954 年，福建省侨委领导同志和热爱家乡建设的归侨尤扬祖同志徒步来到这里观察地形，选定场址，创办了北硿华侨垦殖场。

关于北硿山区的开发，曾有一段辛酸历史。1911 年，旅居马来西亚的爱国华侨颜穆闻先生，从海外带回来 2/3 的家产，投资银元 3 万多元，创办北硿华侨垦殖公司。他种上了茶叶、水果、油茶和棉花，还买了机器，计划建水电站和织布厂；又在小湖洋买了一片山地，计划扩大经营。可是北硿才开发五六年的时间，当地的土豪劣绅，就觊觎他的财产了。因为敲诈不成，他们就借故制造宗族的产权纠纷，纠集了一批人夜里上山放火抢劫，使得颜穆闻苦心经营的垦殖场一夜之间化为灰烬。北硿垦殖场从此荒芜。

1917 年，旅居马来西亚麻坡的爱国华侨李辉芳、郑文炳等合资创办华兴公司，在永春太平的虎巷开山种茶，公推李辉芳回国筹办华兴公司并任经理，郑文炳为监察。华兴公司于 1918 年种植茶叶 7 万株。中华人民共和国成立前的华兴公司，经过多年的惨淡经营，茶园发展到 192 亩，营造杉木、油茶等经济林五百亩。生产的虎巷佛手和水仙茶叶，香气高，味道醇，畅销东南亚，产量最高时达到 11.5 吨。可是由于当时政治黑暗，民不聊生，土匪上山抢劫，保长上山抓丁，工人不敢上山劳动，致使茶园日趋荒芜。第二次世界大战日本侵略者南进以后，茶叶没有了销路，华兴公司几成荒废，1946 年茶叶产量只有 1.75 吨。中华人民共和国成立后，华兴垦殖公司驻马来西亚麻坡办事处的爱国华侨看到新中国成立了，万分欢喜。他们拥护共产党和人民政府保护爱国华侨投资兴办企业的政策，感到振兴华兴公司的实业有望，于是又增资扩大经营，开垦龙坑茶山。永春县人民政府为鼓励发展生产，贷给大米 0.5 吨予以支持。华兴公司在 1950 年开荒种茶 283 亩。1956 年实行公私合营，生产又进一步发展。1958 年由地区商业部门接办，改名为永春茶场，1960 年并入北硿华侨茶果场。

北硿茶果场采茶

1953 年，有 24 个从马来西亚、菲律宾等地受迫害回国的华侨，来到北硿落户开发山区，他们组织起来成立农业社，进行生产自救。1954 年，在中侨委、省侨委的关怀支持下，省侨委同志和尤扬祖同志来到北硿观察地形定点，正式创办了北硿华侨农场。当时全国人大常委会副委员长、中侨委主任何香凝同志，对创办北硿华侨农场非常关怀，赠送她作画的稿费 7000 元给北硿作为筹办资金，并多次题诗作画鼓励农场发展。

1960 年，北硿华侨农场接待安置了受迫害回国的印尼归侨 2500 多人。为了适应开发山区发展多种经营的需要，北硿华侨农场先后与省办的仙溪农场、地区商业部门办的永春茶场和县办的竹溪瓷厂合并成立了北碇华侨茶果场。

北碇华侨茶果场的茶园都是在山坡上。为了提高土壤的肥力，归侨职工们多年来坚持深耕翻土、施绿肥和铺草覆盖。大部分茶园用石头砌梯壁，筑成一层层整齐的梯田，有效地防止了水土流失，茶树经过修剪培育，树冠长得葱翠整齐，产量普遍提高，丰产茶园亩产达到100千克。

北碇华侨茶果场茶匠改造

北碇华侨茶果场

北碇生产的茶叶属乌龙茶，主要品种永春佛手和闽南水仙，具有香馥味醇、齿颊留香、回味甘美的特色，销售到20多个国家和地区，深受消费者的欢迎，尤其是海外侨胞的喜爱。1965年7月，全省华侨农场茶叶生产经验交流会在北碇华侨茶果场举行。

1998年10月，北碇华侨茶果场改制，由北碇华侨茶果场及东关

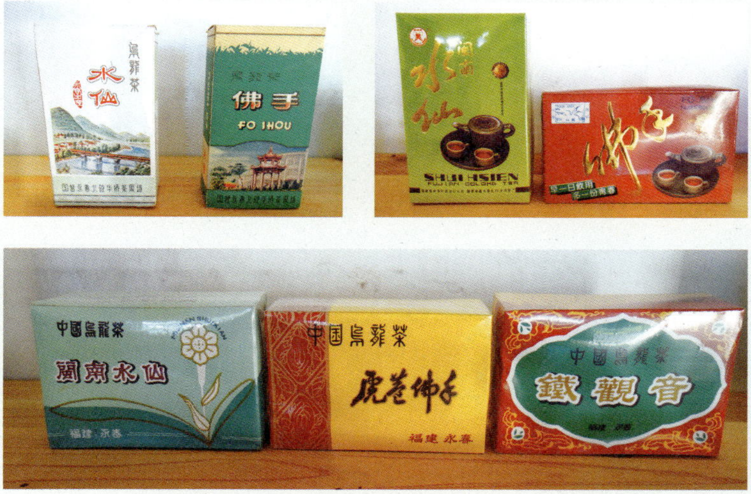

北硿华侨茶果场生产的茶叶包装

镇的东关、溪南、美升、东美和外碧村组建成东关镇。

永春佛手茶的海外窗口——马来西亚大地茶行

茶与华人息息相关，举凡有华人的地方必有饮茶的习惯。在马来西亚，略懂品茗之人，必定认识大地茶行。

大地茶行创办于1990年，创办人何桂明与永春颇有渊源。掀开大地茶行的历史篇章，尽是无与伦比的精彩。

20世纪80年代，何桂明的祖母经常远赴中国探望其哥哥郑永针和侄子郑清池，回家的时候带回永春的上等茶叶，一家人共同分享品尝永春名茶，欢聚天伦。一次，何桂明的父亲突然灵机一动，觉察茶叶在华人世界存在的巨大潜力和广阔市场，于是建议何桂明投身茶叶事业。与父亲仔细商议后，何桂明有了决心，随即创办了马来西亚吧生大地茶行。

当年，马来西亚的市场颇为保守，市面上仅销售品质一般的茶叶，高品质茶叶的内需市场极为狭小。这种情况下，何桂明却期盼突破传统框架，来点不一样的挑战。1990 年，何桂明首次从永春购进 100 担（50 吨）茶叶到马来西亚销售。没想到的是，这 100 担茶叶在偌大的马来西亚整整推销了两年才售完。何桂明深刻体会到茶业是一门不简单的行业。凭着一股热忱，何桂明开启了大地茶行二十几年的创业历程。

为了做好事业，何桂明除了不断地向前辈取经，请教经营茶业的方法，做事认真的他甚至启程到中国福建，向在茶业界颇具名气的资深茶师——其二舅公郑永针和表叔郑清池学习茶叶知识，以求在最短时间内吸收最丰富的知识。

1992 年，大地茶行耗费数十万资金从中国远道带进高级名家壶；1995 年，何桂明亲自率领宜兴紫砂正副厂长及 10 位高级工艺师来到马来西亚举办了一场茶壶艺术展，让马来西亚各界得以一享壶的美态及艺术世界。深爱中华传统文化的何桂明在 1992 年至 1994 年间举办了中国湖笔、名壶、

马来西亚原首相——阿卜杜拉巴达维莅临大地茶行品尝永春佛手茶（郑清池提供）

佛手茶大展等，获得首相署部长丹斯里许子根出席支持。同时，大地茶行代表马来西亚回永春参加第四届芦柑节“茶王赛”品茗会，与来自菲律宾等国家和香港、台湾、澳门等地区的代表进行激烈投标，最终分别以每千克人民币 12 万元、11.2 万元标得两大茶王“铁观音”与“佛手”，并带回国与好茶人士分享。

1998 年，大地茶行在中国设立茶叶加工厂，生产了不计其数的优质好茶。2010 年，大地茶行生产的“永春佛手”和“闽南水仙”分别获得上海世博会名茶评选颁发的乌龙茶类银奖奖项。

从 1990 年成立至今，大地茶行已走过二十几个春秋，在马来西亚当地首屈一指，在吧生、甲洞、槟城、怡保等地均有分销点，被誉为全马来西亚的中国乌龙茶龙头企业，地位显赫。为了强化大地茶行的品牌，大地茶行长期举办分享会、讲座、展览、教育活动甚至社会服务活动等各种大小活动，试图将拥有千年中华文化的茶道传播给消费者。

马来西亚大地茶行举办永春佛手茶王品茗会（郑清池提供）

为了培训出一个专业团队，几乎每年，大地茶行都会安排员工远赴中国接受正式的专业茶道培训课程，增广见闻的同时，也对自己的事业有更深入的了解。在大地茶行，每个人相处融洽，感觉宛如一个大家庭，同事之间不分彼此，客人也很容易因此倍感温馨。

（四）非遗传承

非物质文化遗产，是指各民族人民世代相承的、与群众生活密切相关的各种传统文化表现形式（如民俗活动、表演艺术、传统知识和技能，以及与之相关的器具、实物、手工制品等）和文化空间。非物质文化遗产是指人类以口传方式为主，具有民族历史积淀和广泛代表性的民间文化艺术遗产。

省级非遗传承人

2011 年 12 月“永春佛手茶传统制作技艺”被批准列入福建省省级非物质文化遗产名录。康志亮、王德露等为省级佛手茶传统制作技艺传承人。

康志亮：福建省非物质文化遗产名录“永春佛手茶传统制作技艺”代表性传承人，泉州市非物质文化遗产名录“永春佛手茶传统制作技艺”代表性传承人；曾任永春县茶叶同业公会会长。他创办的永春万品春茶业有限公司位于佛手茶主产区玉斗镇。该公司也是福建农林大学科、教、研示范基地。2008 年永春万品春茶业有限公司被授予“中国申奥第一茶”永春佛手茶生产基地。

王德露：福建省非物质文化遗产名录“永春佛手茶传统制作技艺”代表性传承人，泉州市非物质文化遗产名录“永春佛手茶传统制作技艺”代表性传承人。他创办的福建泉州市永露茶业有限公司获得泉州市第八轮市级重点龙头企业称号。

市级非遗传承人

2010 年“永春佛手茶传统制作技艺”被批准列入泉州市非物质文化遗产名录。颜涌泉、陈永东、黄金川等为代表性传承人。

颜涌泉：现任永春县农业技术推广站高级农艺师。泉州市非物质文化遗产保护项目“永春佛手茶传统制作技艺”代表性传承人，高级评茶师、高级茶叶加工技师。《永春佛手茶综合标准》、《地理标志产品 永春佛手》（GB/T21824—2008）、《永春佛手茶综合标准研究与应用》等标准的主要起草人，长期在生产一线为茶农茶商服务，为永春茶产业发展作出贡献。

陈永东：泉州市非物质文化遗产保护项目“永春佛手茶传统制作技艺”代表性传承人，国家高级评茶师、国家二级茶叶加工师，现为永春县得信茶业科研所所长，获得泉州市科普带头人荣誉称号。长期从事永春佛手茶传统制作工作，主持研制成功《一种九制蜜茶及其加工方法》获得国家知识产权局发明专利，专利号：ZL 2013 1 0184876.1。

黄金川：男，永春县茶叶同业公会副会长、泉州市茶叶学会副会长。2000 年 3 月注册了旭日春茶行，从事永春佛手茶的生产与销售；2011 年 8 月发起注册成立永春旭年春茶叶专业合作社，带动周边茶农发展永春佛手茶生产。

县级非遗传承人

为进一步推动非物质文化遗产保护工作，推进传承机制建设，2017 年永春县文体新局组织开展了永春县首批县级非物质文化遗产代表性传承人申报工作，评选出永春县首批县级非物质文化遗产代表性传承人。

首批县级非物质文化遗产代表性传承人名单

序号	姓名	单位	职务/职称
1	王金钩	永春县豪韵茶业有限公司	总经理
2	陈慧聪	永春香橼茶叶有限公司	高级评茶师
3	郑建平	恒祥茶苑	总经理
4	陈鑫杰	草木制叶生态有限公司	总监
5	董明花	永春县农业技术推广站	农艺师/高级评茶师/高级茶艺师
6	康金义	福建桂鑫茶行有限公司	董事长
7	郑加平	狮峰李氏官林垦植公司	
8	何志江	玉斗镇云台村	
9	黄金友	华友茶叶店	高级评茶师

后记

永春，古称“桃源”，素有“万紫千红花不谢，冬暖夏凉四序春”之美誉。早在2010年永春就被中国绿色食品发展中心批准为“全国绿色食品原料（茶叶）标准化生产基地”，同年被中国茶叶学会命名为“中国名茶之乡”。

永春县现有佛手茶园4.8万亩，年产茶4800多吨，是全国最大的佛手茶生产、出口基地。2006年，“永春佛手”获得国家地理标志产品保护。2009年，永春佛手获国家工商行政管理总局批准证明商标注册。

佛手茶是独具地方特色的中国名茶，永春县佛手茶栽培历史悠久，品质优异。本书介绍了佛手茶栽培历史、品种特性、品质特征、产地环境、种植技术、加工工艺、品牌市场、茶文化等相关知识，对于人们了解佛手茶具有重要意义。

本书由永春县农业技术推广站农艺师董明花执笔编写，永春县农业局高级农艺师周文瀚审阅修改。本书编写过程中，得到颜涌泉、郑清池、林联勇、黄金友、林文兰、郑鹏程、苏福彬等茶友的大力支持与帮助，在此一并表示感谢！本书所用图片除署名外，其余由董明花收集整理。

由于编者受专业知识和学识水平所限，加之时间仓促，错漏之处在所难免，恳请广大读者批评指正。

编 者